Peter Waltner

Beratung im Rahmen des Betrieblichen Eingliederungsmanagements

Menschen mit gesundheitlichen Belastungen durch das BEM führen und begleiten

Peter Waltner

Beratung im Rahmen des Betrieblichen Eingliederungsmanagements

Menschen mit gesundheitlichen Belastungen
durch das BEM führen und begleiten

2., überarbeitete und erweiterte Auflage 2022

rieder

Verlag für Recht und Kommunikation KG
Geschäftsführerin:
Dipl. Psych. Heidrun Rieder

Erphostr. 40, 48145 Münster
Tel.: 0251/30133, Fax 0251/3013
www.riederverlag.de

Druck: Books on Demand
Umschlag: kommpliment, Münster
Satz: Rieder Verlag, Münster

ISBN 978-3-949340-17-8

Inhalt

Worauf es mir ankommt

Wer die einschlägige Literatur zur Umsetzung des Betrieblichen Eingliederungsmanagement in die Praxis Revue passieren lässt, könnte den Eindruck gewinnen, es handele sich beim BEM um einen veritablen betrieblichen Treffpunkt. Schon in den Teppich, auf dem die Treffen stattfinden, sieht man eindruckvolle Muster hineingewebt: die des Sozialrechts, dazu die des Betriebsverfassungs-, des Arbeits- und des Datenschutzrechts. Wer sich da trifft? Natürlich der Arbeitgeber, meist vertreten durch Personalreferentinnen und -referenten, mit, so vorhanden, dem Betriebsrat und der Schwerbehindertenvertretung, außerdem mit einschlägigen Expertinnen und Experten aus dem eigenen Hause, von denen in den meisten Betrieben wenigstens die Arbeitssicherheitsfachkraft zur Verfügung steht, und, nicht zu vergessen, der vom BEM-„Fall“ betroffenen Führungskraft. Gerne gesellen sich auch noch einige Externe dazu, üblicherweise die Betriebsärztin, der Betriebsarzt, bei Bedarf können Reha-Träger, die Arbeitsagentur, das Integrationsamt, der Integrationsfachdienst hinzugeladen werden. Fehlt noch wer? Ach ja, fast hätte ich sie vergessen: die Hauptperson, für die das Ganze veranstaltet wird, die einzelne Mitarbeiterin und der einzelne Mitarbeiter, die ihre ganz individuelle Krankheitsgeschichte mitbringen, wodurch ihre Arbeitsfähigkeit auffällig in Gefahr geriet. Ihr bzw. ihm hat der Arbeitgeber das BEM angeboten und sie bzw. er hat das Angebot angenommen. Das BEM – ein Round-Table-Treff von diversen Experten und Entscheidern mit der/dem BEM-Beschenkten? Dieses Szenario muss ich hier nicht weiter ausmalen, denn in der beschriebenen Maximalbesetzung wird es wahrscheinlich nie oder äußerst selten zur Aufführung kommen. Sitzungen in kleineren Runden sind dagegen in den meisten BEM-Verfahren die Regel.

Halten wir fest: Immer geht es erstens um Beratung, um die gemeinsame Suche nach der optimalen Unterstützung der Gesundheit der betroffenen Person durch eine Anpassung ihres Arbeitsplatzes und ihrer Arbeitsbedingungen. Zweitens muss die gefundene Lösung beschlossen und auf der Grundlage eines Maßnahmenplans umgesetzt werden. Und schließlich braucht es, drittens, ein Monitoring, das die Ein- und Durchführung der Maßnahme begleitet und ihre Effekte auf die gesundheitliche Situation und die Arbeitsfähigkeit der betroffenen Person beobachtet, um bei Bedarf die Maßnahme frühzeitig (echt präventiv) nachjustieren zu können.

Die *mögliche* Breite der obligatorischen und bedarfsweise dazugeladenen Teilnehmerschaft lässt erahnen, dass man sich auf sehr verschiedene Weise mit dem BEM fachlich beschäftigen kann. Die juristische Seite ist bereits bis in ihre Winkel und Verzweigungen hinein ausgeleuchtet worden. Aus der betriebswirtschaftlichen und personalplanerischen Perspektive (Stichwort: demografiebedingte Alterung der Belegschaften) wurde schon vor Jahren in Modellrechnungen ein deutlicher Nutzen des BEM belegt. Aus arbeitsmedizinischer Sicht wird auf die verbesserte Möglichkeit der Gesundheitsprävention in den Betrieben und die Vertiefung des Gesundheitsmanagements hingewiesen.

Mir kommt es hier vor allem darauf an, das BEM aus der ***Sicht der Beratung*** in den Blick zu nehmen. Der Gedanke der Beratung ist zwar im BEM allgegenwärtig. Er zieht sich wie ein roter Faden durch das Verfahren und keiner der zahlreichen Leitfäden versäumt es, ein paar allgemeine praktische Empfehlungen für BEM-Beraterinnen und -Berater fallen zu lassen. Doch reicht das? Die Beratung von gesundheitlich ernsthaft beeinträchtigten Menschen im betrieblichen Kontext stellt sehr spezifische Fragen, die sich aus dem BEM-Konzept ergeben, zum Beispiel: Wie fühlt sich ein Mensch, der wegen seiner gesundheitlichen Beeinträchtigung und seiner Fehlzeiten sich unvermittelt vor oder in einer Gruppe („BEM-Team") von Vertretern der Arbeitgeber- und der Betriebsratsseite mit Betriebsarzt wiederfindet und nun zu seiner gesundheitlichen Situation befragt werden soll? Gibt es zu diesem Setting nicht weniger „tribunale" Alternativen? Begünstigen solche Settings nicht die perspektivische Engführung auf die Wechselwirkung von (diagnostizierter) Krankheit und ausschließlich arbeits(platz)-bedingter Belastung? Wie entstehen Vertrauen, Offenheit und Ehrlichkeit im BEM? Womit müssen Beraterinnen und Berater rechnen, die mit gesundheitlich und auch seelisch instabilen Menschen zu tun haben? Gibt es ein Beratungsmodell, in dem menschliche Nähe und Zielorientierung nicht in Widerspruch zueinander geraten? Und welche Haltungen brauchen betriebliche Laienberaterinnen und -berater, die in solchen Verfahren und Gesprächen mit stärkeren Gefühlsäußerungen und nicht locker zu handelnden Situationen rechnen müssen? Situationen, die auch die Beraterin oder den Berater nicht kaltlassen? Womit auch die psychischen Belastungen der Beraterinnen und Berater zu thematisieren sind.

Mit zunehmendem Alter, weiß man, nimmt die Wahrscheinlichkeit, ernsthaft zu erkranken, zu. Es ist realistisch anzunehmen, dass in unseren Betrieben, deren Belegschaften sich dem Durchschnittsalter 50 nähern, einem konsequent angewandten BEM die Arbeit nicht ausgehen wird. Es lohnt sich daher, das BEM ernsthaft zu entwickeln bzw. weiterzuentwickeln und die benötigten Kompetenzen einer hinreichenden Zahl von beratungsfähigen Mitarbeiterinnen und Mitarbeitern zukommen zu lassen. Nur so wird man der gesetzlichen Forderung Rechnung tragen können, nach Erfüllung des AU-Zeiten-Solls *zeitnah* nachhaltige rehabilitierende Verfahren einzuleiten.

Ich erhebe nicht den Anspruch, in diesem Büchlein alle Fragen und Aspekte der BEM-Beratung befriedigend bearbeiten zu können. Mir geht es vornehmlich darum, sie ins Zentrum der Aufmerksamkeit zu rücken und die Sensibilität der Verantwortlichen wie der Akteurinnen und Akteure für eine klientenorientierte Beratung zu fördern.

❖

Liebe Leserinnen,
ich bitte Sie herzlich um Verständnis, dass ich, um die Lesbarkeit des Textes nicht zu erschweren, auf eine konsequente Genderisierung verzichte. Sie können davon ausgehen, dass trotz Reduktion auf das generische Maskulin selbstverständlich alle Geschlechtsvarianten mitgedacht sind.

Peter Waltner

Erwartungen an die Beratungskompetenz im BEM

Kompetente Beratung durch Laien?

Die Anforderungen an die betriebliche Sozialberatung sind durch die Einführung des BEM zweifellos gewachsen. Gleichzeitig ist es völlig unrealistisch, alle schwierigeren Gespräche an den Betriebsarzt delegieren zu wollen. Ich sehe keinen Grund, weshalb nicht auch medizinische Laien unter dem Siegel der Verschwiegenheit im BEM, vornehmlich Arbeitnehmervertreter (BR, SBV, MAV) und Personalmanager, solche Gespräche professionell führen könnten. Sie müssen dabei weder zu Medizinern noch zu Psychotherapeuten mutieren, ebenso wenig wie ggf. eine juristische Laienkompetenz sie zu Rechtsberatungen berechtigt.

Zielorientierte Beratung im BEM

Alles „aus einer Hand"

In der Grundstruktur sind sich alle Beratungsprozesse ähnlich, ob es sich um eine anwaltliche Beratung, medizinische oder psychologische/psychotherapeutische handelt, ob um eine Berufs-, Erziehungs-, Ehe- oder um betriebliche Beratung, wie zum Beispiel im Rahmen des BEM. Die Schwerpunkte mögen sehr verschieden sein, ebenso die Formen der beraterischen Intervention: Die Erziehungsberaterin berät nur, sie muss nicht selbst in die Erziehungspraxis der ratsuchenden Eltern eingreifen. Auch Therapeuten, Supervisoren und Coaches werden nicht Maßnahmen ergreifen, die über ihr therapeutisches, supervisorisches und Coaching-Instrumentarium hinausreichen. Anders der Arzt und der Anwalt: Beide beraten *und* beschließen verantwortlich Maßnahmen, womit eine Lösung der Problematik erreicht werden soll. Und häufig führt der Arzt die beschlossene Therapie eigenhändig durch. Der Anwalt weitet sein Mandat auf die Vertretung des Mandanten vor Gericht aus.

Auch die Beratung im Betrieb zielt auf die Umsetzung ihrer Ergebnisse ab. Es ist folglich nicht ungewöhnlich, dass der Berater persönlich an der Umsetzung der Maßnahme beteiligt ist. Er kann zum Beispiel im Rahmen des Monitorings[1], mit dem eine BEM-Maßnahme begleitet wird, Gespräche mit Dritten führen (natürlich nicht ohne Kenntnis und

---

[1] Zum Monitoring s. S. 72 f.

Einverständnis des Klienten[2] – besser noch: mit seiner Beteiligung!), etwa mit dem Vorgesetzten des Klienten. Das Monitoring macht frühzeitig Schwächen der Maßnahme erkennbar. Sie wird nachjustiert, um negative Effekte zu vermeiden. Ebenso werden Konflikte, die mit der Implementierung einer Maßnahme in Verbindung stehen, im Frühstadium erkannt und können – möglicherweise vom BEM-Begleiter in der Rolle des Moderators – ausgeräumt werden.

Die *Zielorientierung* ist also ein Charakteristikum von Beratungsprozessen, die in konkrete Maßnahmen übergehen sollen. An deren Umsetzung wirkt sinnvollerweise der Berater mit.

Zielorientierung und Ergebnisoffenheit

Zielorientierung steht nicht im Widerspruch zu Ergebnisoffenheit. Der Anspruch der Ergebnisoffenheit des BEM-Prozesses ergibt sich in erster Linie aus der verpflichtenden Beteiligung des BEM-Klienten in allen Phasen des Prozesses. Sie ergibt sich zweitens aus der ganzheitlichen Perspektive, die über den engen Rahmen des betrieblichen Systems hinausgreift. Zum einen, weil verstärkt Aspekte einbezogen werden, die nicht oder nicht primär betrieblicher Natur sind: medizinische, psychologische, soziale und private. Zum anderen, weil dem betrieblichen System mehr als je zuvor eine Anpassungsbereitschaft an die Bedürfnisse des Mitarbeiters abverlangt wird, dessen Probleme dank des BEM offenkundig geworden sind. Systeme lassen sich ebenso verändern und gewandelten Bedingungen anpassen, wie der Mensch sich gezwungen sieht, sich Systembedingungen anzupassen, nicht selten zu einem hohen Preis ...

[2] Aus der Beraterperspektive bietet sich auch im BEM-Verfahren für den „BEM-Berechtigten" der Begriff „Klient" an. „Klient" bedeutet nicht nur „Kunde", sondern lässt sich etymologisch in der ursprünglichen Bedeutung auf das Griechische *„klinein"* = *„(sich) anlehnen"* zurückführen. Damit lässt sich gut das Vertrauensverhältnis zum Berater assoziieren. Ich werde daher diesen Begriff hier vorzugsweise verwenden.

Zwei Prinzipien: Vertrauen und ganzheitliche Wahrnehmung

Vertrauen unabdingbare Basis

Der Erfolg des BEM – sowohl im Einzelfall als auch hinsichtlich einer breiten Akzeptanz des BEM in der Belegschaft – steht und fällt mit dem Vertrauen in die am BEM beteiligten Akteure. Vertrauen ist die entscheidende Grundlage für alles Weitere. Die BEM-Berechtigten müssen darauf vertrauen können, dass sich die BEM-Berater/-Begleiter[3] empathisch auf sie einlassen, ihnen zuhören können, mit viel Geduld und ohne Druck auf sie auszuüben.

Gesundheit, Arbeit, Umfeld – Den Menschen und seine Belastungssituation ganzheitlich wahrnehmen

Wer vorzeitig an eine konkrete Problemlösung denkt und das Gespräch auf dieses Ziel hin fokussiert, erfährt zu wenig. Meist bleiben so die außerbetrieblichen Belastungsfelder im Dunkeln und entziehen sich dem Einblick in das Zusammenwirken von *labilem Gesundheitsstatus, betriebsinternen Stressoren* (Arbeitsanforderung, Anpassungsdefizite in der Technik und/oder Organisation des Arbeitsplatzes, Arbeitszeit, Arbeitsplatzumgebung, Teamkonflikte, Qualifizierungsmängel, Arbeitsweg ...) und *externen Belastungen* (Familie, Wohnsituation/Umfeld, finanzielle Situation, psychische Situation, [Lebens-]Krise ...).

Diese drei Belastungsfaktoren: Gesundheit, Arbeit, Umfeld, können sich wechselseitig verstärken. Die Frage, was Ursache und was Wirkung ist, dürfte selten einfach zu beantworten sein. Wichtiger ist, dass der Berater von einer *Wechselwirkung* dieser drei Faktoren ausgeht, dass er diese konkret erkennt und es dem Klienten erleichtert, darüber zu sprechen. Ich als Klient möchte spüren, dass der Berater mich als Person *ganzheitlich* zu verstehen versucht und nicht nur ein betriebliches Problem gelöst haben möchte. Nur so kann auf einer tragfähigen Vertrauensbasis ein effizienter, nachhaltiger Lösungsansatz gefunden werden.

Solcher „Aufwand“ ist gewiss nicht in jedem Fall erforderlich. Nach einer unfallbedingt längeren Arbeitsunfähigkeit ist die Problematik

---

3 Die Rollenbezeichnungen (BEM-)„Berater“ und „Begleiter“ sind synonym zu verstehen. Allenfalls treten in ihnen spezielle Aspekte dieser Rolle in den Vordergrund.

wahrscheinlich weniger komplex. Es genügt, die Arbeitssituation nach Rückkehr des Klienten aus der AU-Phase seinem Gesundheitsstatus und den Rehabilitationserfordernissen anzupassen. Schwieriger gestaltet sich das BEM in Fällen diffuser Häufungen kürzerer AU-Phasen, hinter denen sich eher jenes komplexe, schwer zu entwirrende Zusammenwirken interner und externer Belastungsfaktoren vermuten lässt.

Beratung von Menschen in seelischen Krisen[4]

Sehr sensibel sind Beratungsgespräche mit psychisch sehr belasteten Menschen zu führen. Dass sie keine Seltenheit mehr sind, ist nicht überraschend. Gerade die psychisch bedingte Arbeitsunfähigkeit nimmt bekanntlich seit einigen Jahren dramatisch zu. Vielleicht tendiert man heute vorschnell zu „Diagnosen", wie Burn-out und Depression, nachdem man psychosomatische Symptome und Anzeichen einer Suchtgefährdung zu lange ignoriert (und tabuisiert) hat. Sie blieben verdeckt und konnten sich nur in den traditionell akzeptierten Krankheitsbildern rein physischer Gesundheitsstörungen (Kreuzschmerzen, Migräne, Magen-Darm-Beschwerden, Herz-Kreislauf-Symptomatik) artikulieren.

Dem Laienberater steht es nicht an, fragwürdige Diagnosen zu stellen. Erwartet wird aber auch von ihm, dass er sich sensibel auf die psychische Befindlichkeit des Klienten einstellt. Dazu kann gehören, ihn auf seine offensichtlich schwierige seelische Verfassung (ohne Diagnose!) anzusprechen. Der Berater teilt ihm seine Wahrnehmungen mit („spiegelt" sie) in Form einer Ich-Aussage *(„Ich habe den Eindruck, dass es Ihnen zurzeit gar nicht gut geht. Sie wirken auf mich ganz bedrückt und gleichzeitig sehr unruhig.")* und ohne Druck, sich erklären zu müssen, also *ohne* die nachgeschobene „Verhör"-Frage: *„Was ist es denn, was Sie so belastet?"* Wenn der Klient sich dazu äußern will, wird er den Impuls der Spiegelung seines Zustandes aufgreifen, um über sich zu sprechen. Diese Gesprächssequenz darf nun nicht in eine pseudotherapeutische Behandlung durch den Berater ausarten. Nicht ausgeschlossen sind Empfehlungen, sich psychologisch, psychotherapeutisch beraten zu lassen oder, je nach Problemlage, Hinweise auf Stellen für Sucht-, Schuldner-, Partnerschafts-, Erziehungsberatung.

---

[4] Zum Thema Beratung in Krisen ausführlicher auf S. 89–96.

Die klare Ziehung dieser Kompetenzgrenzen und die Einigung darüber vorausgesetzt, können wir uns der Frage nähern, wie wir uns Beratung im BEM vorzustellen haben. Zuerst werfen wir aber einen Blick auf das BEM-Team und seine Funktion.

Das BEM-Team – Organisations- und Entscheidungszentrum

Fragen zur Selbstorganisation des BEM-Teams

Wie muss man sich das BEM-Team vorstellen?[5] Wie organisiert es sich? Gibt es ein Kern- und fallweise ein erweitertes Team? Sind im Kernteam Arbeitgeber- und Arbeitnehmerinteressen paritätisch repräsentiert? Wer leitet/moderiert das Team bzw. die erweiterten variablen Teams? Ein vom Arbeitgeber eingesetzter (neutraler?) BEM-Koordinator? Oder zieht man die rollierende Leitung vor? Gibt es eine Arbeitsteilung? Wie weit reicht die Entscheidungskompetenz des Teams? Wer entscheidet über (selten völlig kostenneutrale) Maßnahmen? Wie werden Meinungsverschiedenheiten ausgetragen und zum Konsens bzw. zur Entscheidung geführt? Wie verhindert man, dass BEM-Fälle zum Austragungsort von Machtspielen zwischen Arbeitgeber und Betriebsrat verkommen? Welche Rolle spielt der Klient im Team?[6] Kann er einen Anwalt in die BEM-Gespräche mitbringen?[7] ...

Die Fragensammlung ließe sich weiterführen. Ich habe mir nicht die Aufgabe gestellt, diese Fragen zu beantworten. Mir geht es hier vorrangig um die Gesprächsführung im Umgang mit dem Klienten. Die Fragen lassen aber erahnen, wie anspruchsvoll die Aufgabe ist und wie viel Gestaltungsfreiraum das BEM-Konzept auf der Basis des § 167 Abs. 2 SGB IX den Unternehmen lässt. Die BEM-Teams in den Betrieben sollten es sich nicht ersparen, für diese und weitere Fragen im Konsens praktikable Regelungen zu treffen. Solche erarbeiten sich klugerweise Arbeitgeber und Betriebsrat in einer Betriebsvereinbarung zum BEM und nehmen sich vor, nach einer Pilotphase um einige Erfahrungen reicher, diese Vereinbarung zu überarbeiten.

---

5 Dazu Giesert M., Wendt-Danigel C.: *Handlungsleitfaden für ein Betriebliches Eingliederungsmanagement*, Hans-Böckler-Stiftung, 2011; Feldes W., Niehaus M., Faber U.: *Werkbuch BEM – Betriebliches Eingliederungsmanagement*, Bund-Verlag, 2021; kurz und knapp s. A. Lange: *Die Bildung des BEM-Teams* (www.haufe.de/personal/haufe-personal-office-platin/betriebliches-eingliederungsmanagement-bem-praktische-4-was-erledigt-sein-muss-bevor-man-mit-dem-bem-beginnt_idesk_PI42323_HI9110465.html).

6 Dazu kommen wir auf Seite 25.

7 Diese Frage taucht regelmäßig in den Schulungen zum BEM auf. Für die Klärung juristischer Fragen ist hier nicht der Ort. So beschränke ich mich auf die knappe Information: Nach der letzten Änderung des § 167 Abs. 2 kann dem BEM-Klienten die Assistenz durch einen persönlichen Anwalt nicht mehr verwehrt werden. Siehe dazu auch Beseler L., *Betriebliches Eingliederungsmanagement*, Rieder-Verlag, 2022.

Das BEM-Team – ein Projektteam[8]

Stellen wir uns das individuelle BEM-Verfahren als ein Projekt vor. Dann liegt es nahe, dass sich das BEM-Team als **Projekt-Team** versteht und auch so agiert. Wie in jedem Projektteam sind auch im arbeitsteiligen BEM-Team verschiedene Kompetenzen, persönliche Motive und Einstellungen versammelt. In *seinen* Projekten sind nicht technische Lösungen für Produktanforderungen von Kunden zu entwickeln, sondern – zielorientiert, aber ergebnisoffen! – zu helfen, die prekäre Beschäftigungssituation von gesundheitlich angeschlagenen Mitarbeitern so zu gestalten, dass ihre Rehabilitation und ihr Job sich miteinander in Einklang bringen lassen. Zu verhindern ist, dass weder das eine noch das andere in Gefahr gerät. Die Kompetenzen des Teams sind im Rahmen des *individuellen* BEM-Projekts in den Dienst *dieses* Mitarbeiters zu stellen. Nicht mehr und nicht weniger erwartet der Gesetzgeber von den Unternehmen. Oder mit anderen Worten: Der BEM-berechtigte Mitarbeiter ist in seinem BEM-Projekt sowohl „Kunde" als gleichzeitig auch beteiligter Akteur im Projektteam.

Unter der Überschrift **„Prävention"** verpflichtet der Gesetzgeber im § 167 SGB IX Abs. 2 die Unternehmen, Mitarbeitern nach schwerer Krankheit oder bei dauerhaft labiler Gesundheit – symptomatisch dafür die hohe Anzahl an AU-Tagen – eine intelligente Lösung für das Problem anzubieten. Die Ziele: Gesundheit und Job „präventiv", was in diesem Zusammenhang nichts anderes heißt als *„nachhaltig"*, in die Balance zu bringen, dem Arbeits- und Gesundheitsschutz sowie der Gesundheitsförderung[9] individuell Vorrang einzuräumen und auf diese Weise Arbeitsplatz bzw. Beschäftigung des BEM-Berechtigten zu sichern.

Diese Forderung macht auch nicht Halt vor den eingefahrenen betrieblichen Systemen der Arbeitsorganisation. Nach dem Motto: Das System, die Organisation ist *(auch)* an die Menschen anzupassen und nicht *(nur)* die Menschen ans System. Heute hält man viel von flexiblen und intelligenten Systemen, die sich rasch auf neue Anforde-

---

[8] In diesem Sinne siehe auch Althoff V., Frobel S., Klaesberg S., Tinnefeld S., de Wall-Kaplan D.: *BEM von A–Z – ein Praxishandbuch,* S. 36–46, Rieder-Verlag, 2020.

[9] BEM, Arbeitsschutz und Gesundheitsförderung sind denn auch die drei Säulen eines **Betrieblichen Gesundheitsmanagements (BGM).** Die Effektivität des BEM, haben Studien ergeben, ist in Betrieben mit einem etablierten BGM höher, da die individuelle BEM-Maßnahme eingebettet ist in eine Betriebskultur, in der der Wert Gesundheit mehr ist als nur eine nützliche Privatsache oder ein Image-Artikel des Unternehmens.

rungen (des Marktes) einstellen lassen. Was spricht dagegen, diese Systemeigenschaft auch den Menschen, die in ihnen und mit ihnen arbeiten, zugutekommen zu lassen?

Flexible Arbeits- und Entscheidungsstrukturen des BEM-Teams

BEM-Verfahren können flexibel organisiert werden. Zum einen, weil Fälle unterschiedlich sind, zum anderen weil Betroffene mit unterschiedlichen Voraussetzungen in das Verfahren hineingehen. Wie viele Sitzungen des BEM-Teams in welcher Besetzung nötig werden, hängt ganz von der Komplexität des Falles ab. Der gesundheitliche Status der Person, die Gesundheitsprognose und das Alter sind ebenso zu berücksichtigen wie ihr Arbeitsplatz, beruflicher Status, Qualifikation, Fortbildungs- bzw. Umschulungsmöglichkeiten. Auf der Ebene des Systems müssen die (technischen) Anpassungsmöglichkeiten des Arbeitsplatzes und der Arbeitsorganisation ausgelotet werden. Die schrittweise Eingliederung nach dem Hamburger Modell inklusive flexibler Teilzeit bis hin zur Arbeitsassistenz und letztlich zum Arbeitsplatzwechsel ist in Betracht zu ziehen. Die finanziellen Auswirkungen auf Klientenseite sind nicht weniger wichtig als die Kostenkalkulation auf der Seite des Betriebs. Schließlich stellt sich die Frage nach der Kostenbeteiligung der Reha-Träger[10] sowie – bei schwerbehinderten und gleichgestellten Klienten – des Integrationsamtes.

Es gibt BEM-Fälle, deren bürokratische und/oder (arbeits-)medizinische Klärung und Bearbeitung von Lösungsansätzen aufwendig sind. In anderen Fällen liegt das Problem mehr in der Person des Klienten und seiner sozialen Stellung in der Abteilung. Eine labile psychische Verfassung und/oder Konflikte mit den Teamkollegen stellen an die Problemlösungskompetenz des BEM-Teams also ganz andere Anforderungen als in den bürokratieintensiven Fällen. Wie ist etwa mit Widerständen seitens der Kollegen gegen eine Problemlösung umzugehen, die nur Erfolg haben wird, wenn jene sie mittragen? Wäre eine Versetzung nicht doch die bessere Alternative? ...

---

[10] Gesetzliche Kranken-, Unfall-, Rentenversicherung, Bundesagentur für Arbeit, Öffentliche Jugendhilfe, Sozialhilfe (SGB XII).

Fakt 1: Kein Fall ist wie der andere.

Fakt 2: Die psychischen und sozialen Aspekte von Krankheitsgeschichten gewinnen an Bedeutung. Ein professioneller Umgang mit diesen „Nebenerscheinungen“ wird mehr und mehr für den Erfolg des BEM entscheidend sein.

Beratungs- und Entscheidungsebene des BEM-Teams – Grundmodell einer BEM-Organisation

Es liegt auf der Hand, dass sich die beiden Funktionsebenen des BEM-Teams, Beratungsebene sowie Organisations- und Entscheidungsebene, in einem Großbetrieb mit einer breit aufgestellten BEM-Organisation anders darstellen als in einem mittleren oder gar Kleinbetrieb. In KMU-Betrieben werden häufig wenige BEM-Akteure beide Funktionen in Personalunion ausüben müssen, während in größeren und Großbetrieben die Arbeitsteilung differenzierter ausfällt. Doch selbst da ist vorstellbar, dass es zur Übernahme beider Funktionen in einer Hand kommt, namentlich in der Hand des BEM-Koordinators.

Was benötigt man zur Durchführung eines BEM-Verfahrens? Organisation, Beratung, Entscheidung und Planung.

Die BEM-Organisation

wird üblicherweise getragen von der ***Personalabteilung*** und dem ***BEM-Team.*** Zusätzlich kann der Arbeitgeber einen ***BEM-Koordinator*** einsetzen, der für die ordnungsgemäße Durchführung der individuellen BEM-Projekte sorgt. Er organisiert die Teamsitzungen und leitet sie. Er ist für die sichere Verwahrung der BEM-Akte verantwortlich. In manchen Unternehmen führt er außerdem das Erstgespräch mit dem BEM-Berechtigten. Wie weit seine Entscheidungsbefugnis in Kosten- und Finanzierungsfragen von Maßnahmen geht, ist eine Frage des Kompetenzrahmens, den der Arbeitgeber ihm einräumt.

Das Verfahren nimmt seinen Lauf in der Personalabteilung. Sie sorgt für die systematische Erfassung[11] von BEM-Berechtigungen und informiert darüber die Arbeitnehmervertretungen, den BEM-Koordinator und das BEM-Team. Im nächsten Schritt ergeht die formelle Einladung des Arbeitgebers an die BEM-berechtigten Mitarbeiter und die bürokratische Verarbeitung der Rückläufe. Auch diese Aufgaben sind in der Personalabteilung angesiedelt. Sie ist im Zuge des Verfahrens zuständig für die Aufnahme der persönlichen BEM-Rahmendaten in die *Personalakte* des BEM-Berechtigten. Die Sitzungsprotokolle und alle personenbezogenen Daten aus dem

[11] Dabei ist zu gewährleisten, dass die Fälle möglichst zeitnah zum Eintreten der BEM-Berechtigung erfasst werden. Dies erfordert eine entsprechende Programmierung der Personaldatenbank. Der automatische Datencheck sollte also mindestens monatlich erfolgen – auch in mittleren und Kleinbetrieben.

Verfahren gehen in die *BEM-Akte,* die ein dafür Verantwortlicher aus dem BEM-Team, in der Regel der BEM-Koordinator oder der Betriebsarzt, verwahrt.[12] Die vom BEM-Team angeforderten externen Experten zu BEM-Gesprächen und -Sitzungen sind einzuladen und für Terminierung und Räumlichkeiten der Sitzungen ist zu sorgen. Diese Aufgaben fallen in vielen Betrieben der Personalabteilung zu. Ohne Anspruch auf Vollständigkeit zu erheben, wird ersichtlich, dass die BEM-Bürokratie durchaus nicht unerheblich ist und Ressourcen bindet.

Vier Funktionen des BEM-Teams

Die erste Funktion des BEM-Teams, auch in chronologischer Hinsicht, ist ***Beratung.*** Wahrnehmen sollten diese Aufgabe im BEM geschulte Vertreterinnen und Vertreter der AG-Seite und Mitglieder der Arbeitnehmervertretungen (BR/PR/MAV sowie SBV), möglichst jeweils beiderlei Geschlechts.[13] Wer die Beratungsgespräche führt und wer hinzugezogen wird, darüber entscheiden in erster Linie der Klient und in Absprache mit ihm das Team.

Die zweite Funktion des BEM-Teams betrifft die ***Entscheidung über Maßnahmen zur Wiedereingliederung und deren Planung,*** ebenso über die Beendigung des BEM sowie die Evaluation des Prozesses und seines Ergebnisses. Dazu bedarf es eines entscheidungskompetenten Vertreters des Arbeitgebers im Team. Die Entscheidungsebene im Team sollte paritätisch mit je einem oder je zwei Arbeitgeber- und Arbeitnehmer-Vertreterinnen und -Vertretern besetzt sein. Sie können auch als Sitzungsleiter/Moderatoren des BEM-Teams fungieren, sofern es keinen Koordinator gibt.

---

[12] Personalakte und BEM-Akte sind streng voneinander zu trennen. Zugang zur individuellen BEM-Akte haben nur die Personen, die an der Durchführung des jeweiligen Verfahrens beteiligt waren, also der persönliche BEM-Begleiter des Klienten sowie die Mitglieder des BEM-Teams und selbstverständlich der Klient. In der Regel trägt der BEM-Koordinator die Verantwortung für die sichere Aufbewahrung der BEM-Akte und für ihre Vernichtung bzw. Aushändigung an den Klienten, sobald die festgesetzte Frist nach Abschluss des Verfahrens abgelaufen ist. Zur schnellen Orientierung siehe: www.datenschutz-notizen.de/datenschutzrechtliche-anforderungen-an-die-bem-akte-5921944/.

[13] Es ist auch nicht ungewöhnlich, externe professionelle Berater zu engagieren, in der Regel mit Zertifikat in Disability-Management. Vorteil: Sie sind nicht Teil des betrieblichen Systems, auch nicht der informellen Netzwerke. Dies erhöht die Gewährleistung von Datenschutz und Schweigepflicht. Nachteil: Die Auswahlmöglichkeiten für die Klienten sind sehr begrenzt. Denkbar ist auch die Kombination von internen und externen Beraterinnen und Beratern. Dadurch würden die Wahlmöglichkeiten komfortabel erweitert, insbesondere auch für Führungskräfte, die verständlicherweise dankbar wären für das Angebot externer Beratung.

Die dritte Funktion des BEM-Teams betrifft die ***Koordination*** der an der Durchführung der Maßnahme beteiligten Akteure/Funktionsträger, interne und ggf. auch externe, sowie das ***Monitoring*** während der Erprobungsphase der Maßnahme bis zu ihrem offiziellen Abschluss. Das Monitoring wird sinnvollerweise von den Beratern übernommen, vorzugsweise von dem Berater, der den Klienten bereits durch das Verfahren begleitet hat.

Die vierte Funktion betrifft die ***Führung der BEM-Akten*** samt Fall-Dokumentationen und die Verantwortung für die Gewährleistung des ***Datenschutzes.*** Diese Aufgaben obliegen in der Regel dem BEM-Koordinator.

Zwei Funktionsebenen des Teams

Die genannten vier Funktionen verorte ich auf zwei Funktionsebenen des BEM-Teams: die **Organisations- und Entscheidungsebene** sowie die **Beratungsebene.** Beratung findet natürlich auf beiden Ebenen statt, in den Fallsitzungen des Teams, wenn Entscheidung und Planung von Maßnahmen anstehen, in den Beratungsgesprächen, die der individuelle Fallberater mit seinem Klienten und ggf. einer weiteren Vertrauensperson des Klienten in Eigenregie führt. Im Modell ist unter „Beratungsebene" diese zweite Art der persönlichen Fallberatung zu verstehen.

Diese genannten Funktionen sind in einem BEM-Verfahren zu erfüllen, unabhängig von der Betriebsgröße. Je kleiner das BEM-Team, desto geringer ist die Möglichkeit der Arbeitsteilung. Je größer die Teams, desto mehr nimmt der arbeitsteilig betriebene teaminterne Koordinations- und Organisationsaufwand zu.

Kleinere Betriebe werden eher kleine BEM-Teams haben. Vermutlich sind darin alle Mitglieder auch in der Funktion als persönliche Fallberater (Fallbegleiter, -manager) und -beraterinnen tätig, nicht nur als beratende und entscheidende Teilnehmer der Teamsitzungen, in denen die Maßnahmen gemeinsam entwickelt und geplant werden.

In Großbetrieben muss der ***Berater-Pool*** groß genug ist, um das Fallaufkommen zu bewältigen und dabei zu gewährleisten, dass die Verfahren zeitnah zum Eintritt der BEM-Berechtigungen eingeleitet werden können. Diese Gruppe von Fallberaterinnen und -beratern ist Teil des BEM-Teams, sie sind aber nicht alle notwendigerweise

Teilnehmende an den Teamsitzungen. Gehen wir realistischerweise davon aus, dass, je nach Betrieb und Fallzahlen, die Teamsitzungen turnusmäßig einmal monatlich bis vierzehntägig stattfinden.[14] Für jede Sitzung werden mehrere Fälle auf die Agenda gesetzt. Wie in einer Gerichtssitzung bekommt jeder Fall seinen Termin mit Angabe der Uhrzeit von/bis. Der jeweilige Klient, mit seinem Berater an der Seite, nimmt diesen Termin wahr. (Gesetzt den Fall, dass der Klient nicht persönlich an der Sitzung teilnehmen möchte, geht der Berater allein in die Sitzung und nimmt in seinem Auftrag und nach sorgfältiger Absprache dessen Interessen wahr.) Der Berater ist also nur Sitzungsteilnehmer, wenn und solange sein „Fall“ besprochen wird. Es versteht sich von selbst, dass Berater, die auch Entscheidungsfunktion im Team haben (also beiden Teamebenen angehören), während der gesamten Sitzungsdauer des Teams anwesend sind.

Was für die persönlichen „Nur“-Berater/-Fallmanager gilt, gilt auch für Ladung und Teilnahme der internen und externen Experten. Vor allem die Terminkalender der Externen, namentlich des Betriebsarztes, werden Einfluss auf die Sitzungsagenda des Teams haben, da deren Verfügbarkeit enge Grenzen gesetzt sein dürften. (Dies spricht für turnusmäßige Sitzungen, deren Planung sich langfristig mit den wichtigsten externen Partnern abstimmen lässt.)

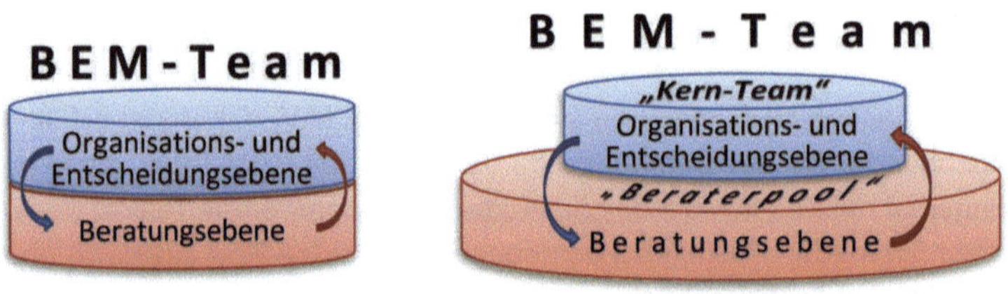

Abb. 1: Das BEM-Team in kleineren und größeren Betrieben

Die beiden Grafiken sollen veranschaulichen, wie variabel sich die Teamorganisation je nach Betriebsverhältnissen darstellen kann. In kleineren und mittleren Betrieben (linke Grafik) mit eher kleinen BEM-Teams werden deren Mitglieder auf beiden Ebenen agieren. In größeren und Großbetrieben (rechte Grafik) wird sich eine stärkere Arbeitsteilung im BEM-Team herausbilden. Die zeitintensive Beratungsebene muss personell stärker besetzt werden als die Organisations-

[14] In der ersten Zeit, nach Einführung des BEM, ist, bis der Stau der Altfälle abgebaut ist, erfahrungsgemäß mit einer hohen Sitzungsdichte des BEM-Teams zu rechnen.

und Entscheidungsebene. Letztere formiert sich im *„Kernteam"* und kann personell klein ausfallen. Das Kernteam klein zu halten, empfiehlt sich insbesondere aufgrund der Erfahrung, dass kleine Teams in der Regel schneller zu Ergebnissen kommen als große und auch in der inneren Organisation wendiger sind als größere Besetzungen. Was hier nicht dargestellt ist: Auch in der Variante „Kernteam und Beraterpool" ist eine personelle Überschneidung der beiden Ebenen nicht ausgeschlossen, sodass von einem Kontinuum der Mischformen zwischen dem linken und dem rechten Modell auszugehen ist. In diesem Falle würde das eine oder andere Mitglied des Kernteams auch in der Beratung aktiv sein. Wie weit diese Mischkonstruktion anfällig ist für interne Konflikte, darüber will ich hier nicht spekulieren. Die Entscheidungsebene sollten Arbeitgeber und Betriebsrat paritätisch besetzen: üblicherweise mit je einem oder zwei Vertretern.

Verknüpfung der Funktionsebenen

Die beiden Funktionsebenen sind eng miteinander verbunden. Im linken Modell dürfte die Schnittstelle kaum zu spüren sein, da die Mitglieder des Teams als Akteure auf *beiden* Ebenen in engem Austausch stehen. Im rechten Modell besitzt die Beraterebene eine größere Autonomie, da nur wenige, wenn überhaupt welche, aus dem *Beraterpool* in Personalunion Berater und Akteure des Kernteams sind. Hier ist die Schnittstelle klar erkennbar. Die Rückkopplung der Aktivitäten und Erfahrungen auf der Beraterebene mit dem Kernteam muss in der internen Organisation des BEM abgebildet werden. Dafür ist eine geeignete Form des regelmäßigen Austauschs zu institutionalisieren. Für diese Organisationsform bietet sich die Unterstützung durch einen Koordinator an.

Die Einbindung der Schwerbehindertenvertretung

Die **Schwerbehindertenvertrauensperson** ist vernünftigerweise[15] als fachkundige Beraterin in den Sitzungen des Teams *ständiges* Mitglied. So steht sie als persönliche Fallberaterin auch gesundheitlich ernsthaft beeinträchtigten und von Behinderung bedrohten Kollegen

---

15 „Vernünftigerweise" heißt nicht, dass es eine gesetzliche Vorgabe ist. Allerdings hat man in Betrieben, in denen die Schwerbehindertenvertrauensperson ständiges Mitglied im BEM-Team ist, dank ihrer speziellen Expertise und ihren Kontakten zu einschlägigen Reha-Einrichtungen jedoch gute Erfahrungen mit ihrer Dauerpräsenz im BEM-Team gemacht.

(nicht nur den schwerbehinderten und gleichgestellten mit amtlich bescheinigtem GdB) zur Verfügung.

Die (oder eine) **stellvertretende Schwerbehindertenvertrauensperson** sollte ebenso, wie die anderen Kollegen im BEM-Team, geschult werden und die Chance bekommen, sich in die Praxis der Fallbearbeitung, sei es in den Teamsitzungen oder in der persönlichen Fallberatung, einzuarbeiten. Diese sehr sinnvolle Regelung geht zwar über den gesetzlichen Ansatz hinaus. Die Mitarbeit von zwei Mitgliedern der SBV wäre daher näher zu bestimmen und in die Betriebsvereinbarung zum BEM aufzunehmen.

Für die Doppelbesetzung der SBV-Beteiligung spricht ein weiteres Argument: Wenn von beiden Seiten der betrieblichen Partnerschaft Berater, Personaler und Arbeitnehmervertreter, jeweils beiderlei Geschlechts, den BEM-Kandidatinnen und -Kandidaten zur Wahl stehen, müsste analog dazu den schwerbehinderten Kolleginnen und Kollegen diese Wahlmöglichkeit möglichst ebenso für beide Geschlechter angeboten werden.[16]

Was für die Betriebsratsmitglieder im BEM-Team gilt, gilt auch für die Vertrauenspersonen der schwerbehinderten Menschen: Sie sind in das BEM-Verfahren schwerbehinderter Mitarbeiter generell einzubeziehen, sofern der BEM-Berechtigte nicht ausdrücklich deren Beteiligung ablehnt.

---

16 Um diese Option Betroffenen beiderlei Geschlechts anbieten zu können, wäre schon bei der Organisation der SBV-Wahlen dafür zu sorgen, dass die Bewerbungen auf die Funktionen Vertrauensperson und ihre Stellvertretung den Bedarf an weiblichen und männlichen Beratern abdecken.

Der Klient – die Hauptrolle im BEM

In unserer Fragensammlung[17], die das BEM-Team betrifft, wurde auch nach der Rolle des Klienten gefragt. So banal diese Frage zunächst klingt, sie ist nicht weniger anspruchsvoll als die anderen. Klar: Es geht um ihn, ja, er wird sogar als (zweiter) „Herr"[18] des Verfahrens bezeichnet. Es steht in seiner Macht, ein BEM anzunehmen oder abzulehnen, ein laufendes Verfahren jederzeit abzubrechen, ggf. sich seinen Gesprächspartner (Berater) auszusuchen und eine Person seines Vertrauens hinzuzuziehen. Also spielt er eine Hauptrolle. Was heißt das in der betrieblichen Realität eines hierarchisch organisierten Systems, in dem er sich eher als Rädchen fühlt (selbst Führungskräften geht es so) denn als einer, der das große Rad dreht? Wie stark ist diese Hauptrolle des Klienten *de facto,* wenn es konkret um die Mitorganisation seines Verfahrens und um die Mitsprache in Sachfragen geht?

Die Frage nach der „Hauptrolle" des Klienten muss, glaube ich, präzisiert werden: Wie kann eine ***selbstbestimmte*** **Mitwirkung des Klienten** ermöglicht werden? Mehr noch: Wie kann diese **gefördert** werden?

Von der Schwierigkeit, sich als „Herr" des Verfahrens zu fühlen

Die Fähigkeit der Mitarbeiter, sich einzubringen: kritisch, selbstbewusst, konstruktiv, im Verhaltensspektrum zwischen den unproduktiven Alternativen eines widerspruchslosen Ja-Sagens und trotziger Totalverweigerung, ist nicht generell vorauszusetzen. Sie wird zwar in manchen Unternehmensleitlinien betont, aber in der Praxis des betrieblichen Alltags steht sie in der Hierarchie der Werte selten oben. Sie kann von Abteilung zu Abteilung variieren. Bildungs- und Qualifikationsniveau der Belegschaft und des betroffenen Mitarbeiters spielen hierbei ebenso eine Rolle wie Betriebsklima und Führungsstil. Und nicht zu unterschätzen: die besondere Situation eines Menschen, dessen Fehlzeitenkurve nach oben und dessen Leistungskurve nach unten ging. Er sieht sich unter Rechtfertigungsdruck; die plötzliche, hochformelle, rechtlich geforderte Aufmerksamkeit des Arbeitgebers

---

17 Siehe oben Seite 15.

18 „Erster" Herr des Verfahrens ist der Arbeitgeber. Er ist zu Angebot und Durchführung des BEM gesetzlich verpflichtet.

an seiner Gesundheit löst eher gemischte Gefühle als pure Freude aus. Dass er einen Rechtsanspruch auf das BEM hat, ändert wenig an dieser Verunsicherung.

Wen wundert's, dass wenigen BEM-Berechtigten danach ist, selbstbewusst ihre Rolle als *„Herren bzw. Herrinnen des Verfahrens"* wahrzunehmen? Wer traut sich schon, mutige Vorschläge zu machen, wie sein Arbeitsplatz umzugestalten, seine Arbeitszeit anzupassen, sein Arbeitspensum durch Umverteilung im Team zu reduzieren sei? Weiß man doch zu gut, dass man sich mit solchen Sonderwünschen weder bei den Vorgesetzten noch bei den Kollegen Freunde macht. Die Zuordnung zur Kategorie „Minderleister", *„Low Performer",* (Schwer-) Behinderte ... ist in der Arbeitswelt meist mit Statusverlust verbunden. Und noch nicht genug: Wen verunsichert nicht die selbstkritische Wahrnehmung nachlassender Power und brüchig gewordener Gesundheit?

All das trägt kaum zur Stärkung des Selbstbewusstseins bei. Wem fällt es da leicht, sich *aktiv* in diesen Prozess einzubringen, ihn gar im eigenen Sinne steuern zu wollen?

Was hilft: Stressabbau

Dennoch: Es geht nicht ohne aktives, *selbst-bewusstes* Mitwirken des Klienten. Es lässt sich auch nicht an den Arzt delegieren. Nur der Betroffene selbst kennt seine Arbeitssituation, wie er sie subjektiv erlebt, und die damit verbundenen Belastungen. Nur er selbst weiß um seine privaten Lebensumstände, in die sein Job eingebettet ist. Nur er kann sagen, was ihm helfen würde, Gesundheit und Arbeit besser miteinander in Einklang zu bringen. Klienten, die sich schwertun, ihre Bedürfnisse klar auszudrücken und Anpassungen ihrer Arbeitsbedingungen zu reklamieren, werden daher zuvörderst geduldige Unterstützung und Ermutigung brauchen.

Dieses realistische Szenario lässt spüren, worauf es ankommt:
a) auf **Stressreduktion,** v. a. durch

- eine möglichst unbürokratische Form des BEM-Angebots: eine echt *„einladende* Einladung" (Erstkontakt),
- die persönliche Kontaktaufnahme eines BEM-Teammitglieds mit dem BEM-berechtigten Mitarbeiter, zeitnah zum Einladungsschreiben

des Arbeitgebers, besser noch als mündliche Vorankündigung des offiziellen Schreibens aus der Personalabteilung,

- die Trennung von schriftlicher Einladung zum BEM und ausführlicher mündlicher Information über das BEM. In einem ersten Gespräch ist auf alle Fragen des Betroffenen zum Verfahren samt rechtlichem Hintergrund und Datenschutz sowie auf seine Bedenken und Befürchtungen einzugehen,
- eine entspannende Atmosphäre im Erst- oder Infogespräch unter vier Augen zwischen dem gewählten persönlichen Ansprechpartner mit dem Klienten.

b) schon im Vorfeld im Rahmen der betrieblichen **Öffentlichkeitsarbeit** durch

- das BEM-Team, d. h. durch *gemeinsam* von AG und BR organisierte Einführungsveranstaltungen zum BEM, in denen alle Vorbehalte und Befürchtungen (auch wenn die Zuhörer sie nicht im Saal vor Publikum artikulieren) offen angesprochen und entkräftet werden. Die Öffentlichkeitsarbeit zum Thema BEM darf sich nicht auf eine einmalige Veranstaltung zu dessen Einführung beschränken. Im Rahmen eines umfassenderen Gesundheitsmanagements sollte in gewisser Regelmäßigkeit über das BEM mit aktuellen Informationen berichtet werden.

Es geht darum, die größten Hürden: Unsicherheit, Angst, Misstrauen, abzubauen und mit dem BEM einen gesundheitspolitischen Schritt nach vorne für *alle* Mitarbeiterinnen und Mitarbeiter zu verbinden. Dies erfordert umso mehr Einsatz, als damit zu rechnen ist, dass hinter dem BEM zunächst eine verschärfte Form der unbeliebten Krankenrückkehrgespräche vermutet wird. Umdenken braucht Zeit und Geduld und ist nicht mit einer Aktion erledigt. Und auch in jedem individuellen BEM-Fall aufs Neue wird der Berater Geduld und Zeit aufbringen müssen, um im persönlichen Gespräch das Vertrauen zu gewinnen.

Der BEM-Berater: Fallmanager, Begleiter, „Pate“ und Coach in einer Person

Der „Pate“ und das Team

Der BEM-Berater ist selbstverständlich Mitglied des individuellen BEM-Teams seines Klienten. Wenn den BEM-Berechtigten mehrere Berater, weibliche und männliche, zur Auswahl stehen und die Wahl des Klienten auf ein Mitglied dieser Gruppe gefallen ist, begleitet diese Person ihren Klienten im Normalfall [19] durch den gesamten BEM-Prozess hindurch, falls von ihrer Seite (z. B. Befangenheit, Rollenkollision) dem nichts entgegensteht.

Wie vereinbart sich diese „Paten“-Funktion mit dem Team-Konzept des BEM? Im Sinne von Ergänzung und Entlastung. Je nach Fall und abhängig vom Einverständnis des Klienten kann der Begleiter als Person seines Vertrauens ihn auf Sitzungen mit dem Team vorbereiten. Zugegeben, darin liegt eine gewisse Versuchung, den Klienten in eine bestimmte Richtung zu beeinflussen. Andererseits liegen die Vorteile auf der Hand:

Vorteile für den Klienten

Im vertrauten Zwiegespräch kann der Klient offener über seine Gefühle sprechen, über seine Unsicherheit, Angst, Wut, Enttäuschung, Zweifel, Freude, Hoffnung oder Hoffnungslosigkeit als am Runden Tisch in einer Teamsitzung. Er kann Fragen stellen, sogar wiederholt, wenn er sich der Antwort nicht mehr sicher ist. Er kann seine Situation frei und ausführlich schildern. Er kommt nicht unter Zeitdruck und er kann seinen Berater jederzeit anrufen.

In der Teamsitzung weiß er den Berater als Partner („Paten“) an seiner Seite. Er erwartet von ihm Unterstützung und dass dieser, wenn nötig, ihn davor schützt, vorschnell (unter Stress) einen Vorschlag aus dem Team anzunehmen oder abzulehnen. Eine sorgfältige Prüfung aller Vor- und Nachteile und Vorbereitung einer Entscheidung mögen im Zweiergespräch danach erfolgen.

Psychisch wenig belastbare Klienten kann die Teilnahme an einer mehrköpfigen Teamsitzung sogar völlig überfordern. In solchen Fällen

[19] Unter Normalfall verstehe ich, dass die Vertrauensbasis zwischen Klient und Berater hält und es nicht zu einem Zerwürfnis ihrer Beziehung kommt.

wird der Berater zum Sprachrohr seines Klienten. Er trägt im Team die Ergebnisse der Zweiergespräche vor und nimmt die Stellungnahmen der Teamkollegen in die weitere Beratung unter vier Augen mit. Der Klient muss sich allerdings darauf verlassen können, dass der Berater nur die Informationen und Äußerungen ins Team trägt, deren Weitergabe er, der Klient, freigegeben hat.

Die Frage, welche persönlichen Informationen dürfen ins Team und welche nicht, ist sorgfältig zu klären, auch unter datenschutzrechtlichen Aspekten. Gewiss, diese gelten uneingeschränkt auch für das BEM-Team. Dennoch: Eine Auskunft über die ärztliche Diagnose des Klienten darf nicht gefordert werden. Selbst der Betriebsarzt, der Zugriff auf die medizinischen Daten des Klienten hat, gibt nur Auskunft über die arbeitsplatzbezogenen Konsequenzen, die sich aus den medizinischen Befunden ableiten lassen. Handlungsleitend ist das Ziel, die gesundheitliche Rehabilitation des Klienten seitens des Betriebs zu unterstützen und die Arbeitsbedingungen entsprechend anzupassen.

Je nach Thema kann dieses Setting auch frei variiert werden: z. B. durch die Erweiterung des Zweier-Settings Berater + Klient um einen Dritten im Bunde: sei es eine Person seines Vertrauens im Betrieb (Vorgesetzter, Teamkollege, Personalmanager, BR-Mitglied, Suchtbeauftragter ...), sei es eine Person aus seinem privaten Bereich (Partnerin/Partner, Elternteil ..., Arzt, Anwalt) oder ein externer Experte (z. B. der Betriebsarzt), der zu der speziellen Frage auf diesem Wege direkt mit dem Klienten ins Gespräch kommt. Dieser „Dritte im Bunde" kann auch in die Sitzungen des BEM-Teams mitgenommen werden.

Der „Pate" agiert also einerseits als persönlicher „Coach" in den vertraulichen Gesprächen, andererseits im BEM-Team, wenn es um die Entscheidung geht, welche Maßnahmen getroffen werden sollen. Da er in den Vorgesprächen einen intimen, ganzheitlichen Einblick in die Problemlage des Klienten bekommen hat, wird auch sein Wort im BEM-Team besonderes Gewicht haben.

Vorteile für das BEM-Team

Die Klärungs- und Entscheidungsprozesse müssen nicht komplett im Team ablaufen. Das „Gespann“ Klient und Berater zieht gut vorbereitet in die Teamsitzung und die dort erarbeiteten Vorentscheidungen können in der Nachbereitung zu zweit bzw. zu dritt in Ruhe zur endgültigen Entscheidung ausreifen.

Durch die Verlagerung eines Teils des Beratungsprozesses auf das Berater-Klient-Setting lassen sich die Sitzungen des BEM-Teams reduzieren, sowohl hinsichtlich der Frequenz als auch ihrer Länge.

Der „Fallmanager“ – Scharnier zwischen Person- und Systemebene

Das variable Modell „persönlicher Berater/Fallmanager und Team“ hat sich in der Praxis bewährt. Es erlaubt eine individuelle sowie zeitökonomische und kostensparende Gestaltung der Verfahren. Es setzt voraus eine qualifizierte Beratung und ein Wahlangebot von mindestens einer Beraterin und einem Berater, je nach Betriebsgröße entsprechend mehrere, beiderlei Geschlechts. Zu empfehlen ist auch ein Angebot an Beraterinnen und Berater vonseiten sowohl des BR und der SBV als auch der Personalabteilung. Auf den Vorteil zusätzlich externer Berater habe ich bereits hingewiesen.[20]

Als „Fallmanager“ wird der Berater im BEM zum Bindeglied zwischen der Ebene der Person des Klienten, seiner Bedürfnisse und Wunschvorstellungen einerseits und andererseits der Ebene des betrieblichen Systems. Letztlich geht es im BEM darum, die Möglichkeiten des Betriebs auszuloten, wie er den Erwartungen und Ansprüchen des Klienten in hilfreicher und angemessener Weise entsprechen könne. Seine Rolle steht für die Kontinuität des Problemlösungsprozesses. Sie garantiert, dass die zunächst auf die Person fokussierte Beratung für den anschließenden Arbeitsprozess des BEM-Teams, in dessen personeller Zusammensetzung sich die Systemebene abbildet, richtungsweisend ist. Dieses Modell sorgt folglich durch die duale Struktur des BEM-Prozesses für die Sicherung einer ausgewogenen Repräsentanz der Interessen beider Seiten auch dann, wenn der Klient überfordert ist, seine Bedürfnisse und Ansprüche selber entschieden zu vertreten.

[20] Siehe Fn. 13, S. 20.

Der Berater – „Coach"[21] des Klienten

Der perfekte BEM-Klient: aktiv, verantwortungsbewusst, entscheidungsfähig

Eines muss jedoch in allen BEM-Projekten gewährleistet sein: die bestmögliche aktive Einbindung des BEM-Berechtigten von Anfang an und den gesamten Prozess hindurch. Da es vorrangig um den Klienten, seine Gesundheit und Leistungsfähigkeit geht, hängt vieles von seiner Bereitschaft ab, Verantwortung für sich zu übernehmen. Die Verantwortlichkeit ist die andere Seite seines Rechts, das Projekt jederzeit zu beenden. Ohne ihn lässt sich das Projekt folglich nicht machen. Der Arbeitgeber und er sind die beiden Herren des Verfahrens. Der Arbeitgeber steht in der Pflicht, sobald die Bedingungen für ein BEM erfüllt sind, das BEM anzubieten und durchzuführen. Über dessen Realisierung entscheidet allein der Klient. Und nicht nur über das Ob. Auch über das Was und das Wie entscheidet er maßgeblich mit. Schließlich geht es ja um niemand und nichts anderes als um ihn. Doch das ist leichter gesagt als getan.

Wie kann der Berater diese Tugenden des Klienten fördern?

Wie spiegelt sich die Erwartung an Verantwortung und aktive Mitwirkung des Klienten im Verhalten des Beraters? Als Beispiel eine fast nebensächliche Szene vom Beginn eines BEM-Verfahrens in zwei Varianten:

Frau Gerda K. ist BEM-berechtigt und hat Herrn Georg B. auf dem Antwortformular als gewünschten Berater, seines Zeichens Personalreferent und Mitglied des BEM-Teams, angekreuzt. Er ruft sie an, um ihr mitzuteilen, dass er bereit sei, die BEM-Begleitung zu übernehmen. Am Ende des Gesprächs ...

---

[21] Wenn ich hier vom BEM-Berater als „Coach" des Klienten spreche, so verbinde ich in unserem Zusammenhang damit vor allem die Wunschvorstellung, dass der Berater sich als *Begleiter* verstehe, der ihn in den Phasen des BEM-Verfahrens, vor allem im Monitoring der Maßnahmenumsetzung, nach Kräften unterstützt und ermutigt. Keine Frage, dass dieses Rollenverständnis anschlussfähig ist an das wissenschaftlich fundierte und praxiserprobte Konzept des Arbeitsfähigkeitscoaching (AFCoaching), das am Institut für Arbeitsfähigkeit entwickelt wurde. Für eine erste Information über das AFCoaching als Rahmenkonzept für das BEM s. Liebrich A., Giesert M., Reuter T.: *Das Arbeitsfähigkeitscoaching* (Download: https://docplayer.org/60248087-Das-arbeitsfaehigkeitscoaching.html).

Variante 1:

... kommt der Berater zur Terminfrage: „*Nun müssen wir noch einen Termin für unser erstes Gespräch ausmachen. Darin geht es noch nicht um Ihre gesundheitliche Situation. Zuvor möchte ich sie über das BEM informieren und auf alle Ihre Fragen dazu eingehen. Ich kann Ihnen den nächsten Montag, 14:30 Uhr, im kleinen Meetingraum 3, anbieten. Haben Sie da Zeit?*"

Klientin: „*Ja, das geht schon. Ich habe nächste Woche Frühschicht und da bin ich um 14 Uhr fertig. Ja, das krieg' ich schon hin.*"

Berater: „*Oh, Sie schichten?! Sorry, das habe ich nicht gewusst.*"

Klientin: „*Sind denn diese Gespräche außerhalb der Arbeitszeit?*"

Berater: „*Nee, normalerweise nicht. Mal schauen, ob ich Ihnen einen anderen Termin anbieten kann.*"

Klientin: „*Schon gut, lassen Sie's bei dem Termin! Es geht ja.*"

Berater: „*O.k., danke! Dann bleibt's also bei Montag, 14:30 Uhr, ja?*" ...

Variante 2:

... kommt der Berater zur Terminfrage: „*Nun müssten wir noch einen Termin für unser erstes Gespräch finden. Darin geht es noch nicht um Ihre gesundheitliche Situation. Zuvor möchte ich Sie über das BEM informieren und auf alle Ihre Fragen dazu eingehen. Damit Sie danach in Ruhe entscheiden können, ob Sie diese Hilfe in Anspruch nehmen wollen oder nicht. Denn darüber entscheidet ja mal ausnahmsweise nicht der Chef, sondern allein Sie selbst! Wann würde es Ihnen passen?*

Klientin: „*Muss das schnell sein?*"

Berater: „*Das hängt ganz von Ihnen ab. Von der Sache her ist es natürlich sinnvoll, Ihre Gesundheit möglichst schnell zu unterstützen.*"

Klientin: „*Soll das Gespräch in meiner Arbeitszeit oder in der Freizeit stattfinden?*"

Berater: „*Normalerweise finden alle BEM-Gespräche während der Arbeitszeit statt. Aber wenn Ihnen eine andere Zeit lieber ist und sie auch in meine Arbeitszeit fällt, warum nicht?*"

Klientin: *„Okay – dann wär's mir recht, gleich im Anschluss an meine Frühschicht, um 14 Uhr, nächste Woche."*

Berater schaut in seinen Terminplaner: *„Ja, das geht nächste Woche, nur nicht Dienstag und Freitag. Also an welchem Tag?"*

Klientin: *„Gut, dann nehm' ich gleich den Montag."*

Berater: *„Okay, also nächsten Montag, 14 Uhr, im kleinen Meetingraum 3."* ...

Worin unterscheiden sich die beiden Varianten?

In **Variante 1** kommt man schneller zum Ergebnis. Der Berater hat wahrscheinlich einen dichteren Terminkalender als die Klientin; er informiert sie über den Zweck des Gesprächs und bietet ihr einen Termin an. Die Klientin, deren Schichtende eine halbe Stunde vor dem Termin liegt, könnte diesen Termin verweigern. Es ist aber der erste, telefonische Kontakt mit dem Berater. Sie weiß von ihm nur, dass er Personalreferent ist, und scheut sich, sein Angebot abzulehnen. Gleichzeitig will sie ihm durch eine Andeutung signalisieren, dass für sie dieser Termin nicht optimal sei. Er nimmt das schwache Signal zwar wahr, aber korrigiert sein Angebot nicht entschieden genug, und so bleibt es bei dem ersten Termin. Bei beiden bleibt ein leicht unbefriedigendes Gefühl zurück.

Das Vertrauen der Klientin in den Berater konnte sich in dem kurzen telefonischen Kontakt nicht entwickeln. Ihre Beziehung zu ihm orientiert sich in dieser ersten Begegnung ausschließlich an seinem gehobenen Status „Personalreferent" (und Arbeitgebervertreter), für sie Grund genug, vorsichtshalber nicht abzulehnen. Ihr Verhalten ist „diplomatisch", ganz an der hierarchischen Beziehung orientiert, nicht auf Augenhöhe. Die Sachfrage und die eigene Interessenlage müssen dahinter zurückstehen. Sie ist noch weit weg davon, sich als „Herrin des Verfahrens" zu fühlen.

Variante 2 braucht mehr Zeit, um zum Ergebnis zu kommen. Auch hier *führt* der Berater das Gespräch. Er nutzt die Terminfrage, um mit der Information über den Zweck des Gesprächs die Entscheidungsverantwortung des Klienten im BEM zu thematisieren und das anstehende Informationsgespräch daraus zu begründen. Auch in Variante 2 fühlt sich die Klientin, Frau K., dem Berater aus der Personalabteilung gegenüber zunächst nicht auf Augenhöhe. Aber sie spürt, dass er sie ernst nimmt und bereit ist, sich weitgehend nach ihren Bedürfnissen und Vorschlägen zu richten. Diplomatische Rücksicht der Klientin ist nicht nötig, denn er versetzt sie von vorn herein in die Rolle der Entscheiderin in der Sache. Er gibt damit nicht seine eigene Zeitautonomie auf. Er hat auch einen Terminkalender und kann Nein sagen. Das einzige Risiko ist, dass die Terminsuche etwas länger dauert, als wenn er die Termine zur Auswahl stellt.

Hilfe zur Selbstverantwortung und Entscheidungsfähigkeit beginnt mit kleinen „Übungen"!
Die Terminabsprache ist eine solche.

Verantwortungsbewusste Beteiligung einüben

Die Übung ist wichtiger als die Terminfrage, der Lernprozess wichtiger als die Sache. Die Zeit, die darein investiert wird, zahlt sich später aus. Das Üben beginnt gleich zu Beginn in den kleinen Organisationsfragen. Selbstverantwortung kann nicht in der großen Entscheidungsfrage über die richtige BEM-Maßnahme abgerufen werden, bevor sie nicht in den „unwichtigen" Alltagsentscheidungen, die es auch in BEM-Verfahren gibt, wachsen konnte.

Selbstverantwortung gründet auf Selbstvertrauen. Beide Qualitäten können gerade in BEM-Verfahren, in das die Klienten nicht in einer Position der Stärke hineingehen, kaum vorausgesetzt werden. Wer Ja sagt, weil er sich nicht traut, Nein zu sagen, braucht stetige Ermutigung und „Heraus"-Forderung, Entscheidungen zu treffen. Man mag es bedauern, aber im BEM muss zuallererst echte Entscheidungsfähigkeit trainiert werden – wie ein atrophierter Muskel ...

Führungskräfte und Betriebsräte als BEM-Berater

Der Prozess hat Vorrang vor Ziel und Ergebnis

Informationstransfer in beide Richtungen

Wer wegen einer ernsten, noch ungeklärten Erkrankung zum ersten Mal zum Arzt geht, bringt außer den Symptomen vor allem Hoffnungen und Ängste mit, aber kaum medizinische Kenntnisse über die Krankheit selbst und wie sie zu behandeln sei. Doch schon beim ersten Arztbesuch und mehr noch beim Folgetermin, wenn die Untersuchungsbefunde besprochen werden, kommt es zu einem Wissenstransfer vom Arzt zum Patienten sowohl über das Wesen seiner Krankheit als auch über die Behandlungsmöglichkeiten. Holt sich der Patient – sicher ist sicher – noch eine zweite Fachmeinung ein, erweitert sich sein Wissen und damit wächst auch seine Fähigkeit, sachkundig an der Entscheidung über seine Behandlung mitzuwirken.

Ähnlich verhält es sich auch, wenn ein Klient sich auf ein BEM-Verfahren einlässt. Hier geht es freilich nicht (vorrangig) um die ärztliche Diagnose und Behandlung, sondern um die Frage, wie seine Arbeitssituation mit den gesundheitlichen Bedürfnissen in Einklang gebracht werden kann. Auch da bewegt sich das Denken des Klienten zunächst eher in vagen Wunschvorstellungen (oder in pessimistischer Resignation). Der Berater muss erst erkunden, wie sich die Gesamtproblemlage darstellt, zum einen von Klientenseite, zum anderen vonseiten des Betriebs und drittens unter Berücksichtigung aller technischen und organisatorischen Optionen sowie externer Förderungs- und Finanzierungsmöglichkeiten, bevor die Suche nach Lösungsansätzen beginnen kann.

Komplexe Entscheidungssituation mit Hindernissen

In der ärztlichen Behandlung wird der Patient sich schnell für die aussichtsreichste Behandlung entscheiden und auf den Rat des Arztes hören. Auch der BEM-Klient wird sich den fachlichen Rat seines BEM-Beraters bzw. des BEM-Teams anhören. Aber ob er die vorgeschlagenen Maßnahmen für sich als geeignet ansieht und akzeptiert, ist eine andere Frage. In seine Entscheidung fließen weitere Faktoren ein, die sich ihm aus seiner Betriebserfahrung aufdrängen: So könnte seine gewohnte Arbeitsroutine gestört werden; Auswirkungen aufs Team und auf die Beziehung zu den Vorgesetzten wären zu befürchten;

die Sonderbehandlung, von allen bewusst registriert, drückte ihm den Stempel des *„Low Performers"* auf, den man schlecht wieder loswürde; und wer möchte schon zum offiziellen Problemfall werden?

Der Berater braucht für Widerstände gegen solche – ausgesprochenen oder unausgesprochenen – *Neben*-Effekte des BEM nicht weniger Sensibilität und beraterische Kompetenz als für die Erarbeitung einer optimalen Problemlösung. Berater, die von Beginn an schnurstracks auf das *sachliche* Ziel der Beratung, die konkrete Maßnahme, zusteuern, neigen dazu, die Bedeutung des psychologischen (Reifungs-) Prozesses für den Erfolg zu unterschätzen. Sie tun sich schwer, das Ziel als Frucht, nicht als Vorgabe jenes Prozesses zu verstehen. Und riskieren damit, dass der Klient sich unter Druck fühlt und das BEM-Verfahren vorzeitig abbricht oder, nach Erreichung des Ziels, der Erfolg nur von kurzer Dauer ist.

Führung in der Beratung bietet Sicherheit und sorgt für Struktur

Eine erwünschte Qualität von Führungskräften und anderen „Machern" ist, entscheidungsfreudig zu sein und mit klaren Ansagen zu führen nach dem Prinzip: Problem erkannt – Gefahr gebannt. So funktional und ökonomisch diese Qualität in ihren Zuständigkeitsbereichen auch sein mag, so hinderlich kann sie in Beratungssituationen sein, in denen es um anderes geht als um Transfers von Know-how und um Organisationstalent in kleineren und größeren Katastrophen. Schon bei der Klärung und Moderation von Konflikten greift oft das „Machtwort" zu kurz, auch wenn es für den Moment so scheint, als habe sich so das Problem erledigt. Menschen in Krisen benötigen eine andere Art der Beratung und der Problemlösung. Aber auch in dieser Art der Beratung ist Führung gefragt: ein *begleitendes* Führen, das sich der Gangart des Klienten anpasst.

Führung in der Beratung ist begleitendes Führen.

Führung in der Beratung von Menschen in Krisen heißt, Aufbruch und Veränderung zu ermöglichen durch Vermittlung von Sicherheit und Ermutigung auf dem *eigenen* Weg des Klienten, ohne diesen Weg und die Gehbewegungen des Klienten bestimmen zu wollen. Führung im BEM orientiert sich vorrangig am *Sinn und Zweck* des Prozesses

(„Der Weg ist das Ziel!"), nicht am Ziel, das bereits das Ergebnis vorwegnähme, selbst wenn es aufgrund der Sachlage vorhersehbar auf der Hand läge. Der Berater legt das Ziel in die Hand des Klienten und begleitet ihn auf seinem Weg dorthin. Dies ist für den Berater nicht immer einfach, vor allem wenn er, insbesondere als Führungskraft, von sich erwartet, Probleme zielstrebig und sachrational zu lösen.

Rollenkonflikt in der Konstellation Personalmanager = BEM-Berater

Personaler und Führungskräfte als BEM-Berater? Geht das? Ist ihre Identifikation mit dem Arbeitgeber nicht zu stark, um unvoreingenommen einem Mitarbeiter gegenüberzutreten und eine Nähe zuzulassen, die zu jener unbedingten Akzeptanz führt, ohne die Vertrauen und Ehrlichkeit in der Beziehung schwerlich gedeihen können?

Wenn der Klient nicht ehrlich sein kann ...

Wie soll eine Mitarbeiterin, wenn sie einem Personaler gegenübersitzt, zugeben können, dass sie wegen ihres häufig kranken Kindes sich manchmal nicht anders zu helfen wusste, als sich selbst krankzumelden? Kommen da echte Lösungen nicht von vorn herein schon gar nicht ins Blickfeld, weil sie genau an der bereits genannten Schnittstelle Betrieb–Familie ansetzen müssten, dem Knackpunkt des Problems dieser Klientin? Wenn's zur Krise kam, glaubte sie, den Konflikt zwischen Arbeits- und Mütterpflichten nur mit dem AU-Schein entschärfen zu können. (Gelöst wurde er ja nicht. Die unerlaubte Konfliktlösung kam zwar nur in akuten Krisenfällen zum Einsatz, der Dauerstress dieses ungelösten Rollenkonflikts aber bleibt.) Man stelle sich eine solche Beratung im Teamsetting vor! Auf diese Weise würden alle BEM-Fälle, in denen ein eigener – arbeitsrechtlich sanktionsfähiger – Schuldanteil des Klienten steckt, kaum problemadäquat bearbeitet werden können. Nicht nur die berufstätige Mutter kann in solche Zwickmühlen geraten, suchtgefährdete Mitarbeiter, um nur ein weiteres Beispiel zu nennen, bewegen sich im BEM-Verfahren auf einem ähnlich schmalen Grat zwischen Wahrheit und (Not-)Lüge.

Die Führungskraft als Beraterin im Loyalitätskonflikt

Zurück zur Rollenkonstellation Personalmanager = BEM-Berater. Darin steckt Konfliktpotenzial. Strukturbedingt. Dies ist ernst zu nehmen. Das heißt, darüber sollte im Team und mit dem AG offen gesprochen werden. Anders werden die Führungskraft, die Personalreferentin, der Personalreferent nicht den Rücken frei bekommen, um sich mit völliger Unvoreingenommenheit und im freien Wechselspiel von Nähe und Distanz auf den Menschen, der ihnen im BEM gegenübersitzt, einlassen können. *Sie* müssen sich davon freimachen können, damit sich auch der Klient davon lösen kann. Dies setzt die offene Kommunikation darüber voraus. Mehr noch: Der mit dem Auftrag der BEM-Beratung verbundene spezielle Anspruch an persönlicher Einstellung, garantierter Diskretion und beraterischer Gesprächsführung ist in das Rollenbild des BEM-Beraters einzutragen. Führungskräfte und Arbeitgebervertreter, die diesen Beratungsauftrag annehmen, müssen verinnerlichen, dass sie in der Funktion des Beraters allein diesem Auftrag verpflichtet sind. Nur so kann der innere Rollenkonflikt zwischen den Erwartungen an einen loyalen Arbeitgebervertreter und den Erwartungen an die unvoreingenommene Unterstützung des Klienten überwunden werden.[22]

Im Sinne einer grundsätzlichen Rollenklärung ist dieses Thema nicht nur mit dem Arbeitgeber und im BEM-Team zu besprechen, sondern auch jeweils mit dem Klienten und zwar bei der ersten Begegnung mit ihm im BEM. Der Klient muss unzweifelhaft realisieren:

- dass der Gesprächspartner ihm jetzt nicht als Arbeitgebervertreter gegenübersitzt, sondern *ausschließlich* als persönlicher Berater und Begleiter im BEM-Verfahren,
- dass alles, also auch Aussagen des Klienten über Vorgänge, die er normalerweise keinem Vorgesetzten offenbaren würde, unter Verschwiegenheitspflicht fallen und
- dass vom Berater nur das ins Team weitergegeben wird, wozu der Klient ihn ausdrücklich autorisiert.

Der Fall unerlaubter Notlösung mittels AU-Schein dürfte gar nicht so selten sein und es wäre fatal, wenn genau der dahinterliegende, z. B.

---

[22] Auf einschlägigen Schulungen zum BEM-Berater, Case-Manager, Disability-Manager, betrieblichen Sozialberater, die auch offen sind für Führungskräfte und Personalreferenten, kann dieses Rollenverständnis des unabhängigen Personalberaters professionalisiert werden.

familienbedingte, chronische Konfliktstress nicht bearbeitet werden könnte. Dieses Manko lässt sich nur beheben, indem die Rolle des BEM- bzw. allgemein des betrieblichen Personalberaters so professionalisiert wird, dass sie von allen, den Mitarbeitern wie den Führungskräften und dem Arbeitgeber, als eigenständige, unabhängige Institution wahrgenommen und anerkannt wird.

Dieses für viele Menschen im Betrieb gewöhnungsbedürftige Rollenbild von arbeitgebernahen Funktionsträgern muss auch *öffentlich* bekannt gemacht werden und zwar genau von den Personen selbst, die im BEM Funktionen übernehmen werden.

Erst Rollenklärung ermöglicht konsistentes Verhalten

Psychologische und soziale Kompetenz ist im BEM nicht weniger gefragt als Sachkompetenz. Und dieses Erfordernis kann für Führungskräfte und Personaler zu einem echten Rollenkonflikt führen zwischen Entscheider und Berater, Vertreter der Arbeitgeberinteressen und „Pate" des Klienten. Solange diese beiden „Identifikationen" und Verhaltensmuster sich im Wege stehen, wird das Verhalten des Beraters als inkonsistent, nicht authentisch, unehrlich wahrgenommen werden. Mit der Folge, dass der Klient misstrauisch wird oder sein vorhandenes Misstrauen bestätigt fühlt – ein Nährboden, auf dem kaum Offenheit und Ehrlichkeit wachsen können, auf beiden Seiten nicht.

Ein Klient, der sich einem Personaler im BEM-Verfahren anvertraut, muss sich dessen unvoreingenommener Unterstützung sicher sein können. Auch in den Sitzungen des BEM-Teams, wo jener – etwa im Gegenspiel zum BR-Mitglied –, Gefahr läuft, seiner Beraterrolle, vielleicht ohne es zu merken, untreu zu werden und auf die Arbeitgeberposition umschwenken.

Auch Betriebsräte fühlen *„zwei Seelen, ach! in meiner Brust“*

Das „betriebsratspolitische“ Potenzial in BEM-Fällen

Betriebsräte können in einen ähnlichen Orientierungskonflikt geraten. Auch ihre Identifikation kann widersprüchlich sein. In ihrem Fall ist es die Identifikation mit den Interessen und der Politik des Betriebsrats. Besonders gelagerte BEM-Fälle können einen günstigen Anlass für BEM-„Politik“ bieten: ein Exempel zu statuieren, um etwa die Personalpolitik des Arbeitgebers unter Druck zu setzen oder die Grenze des Zumutbaren im Wiedereingliederungsverfahren weiter zu ziehen, als jener freiwillig bereit ist. Aufgrund der *betriebspolitischen* Bedeutung eines Falles gerät dem betriebsrätlichen Berater allzu leicht die *individuelle* Problematik seines Klienten aus dem Blickfeld. Der Klient mag zwar das Ziel (womit der Betriebsrat lockt) attraktiv finden, aber gleichzeitig möchte er vermeiden, vom Chef und seinen Vorgesetzten in dieser Situation als besonders anspruchsvoll und fordernd wahrgenommen zu werden. Wie soll er mit dieser verzwickten Situation umgehen? Traut er sich, seinem engagierten Helfer, der bereit ist, alles für ihn zu tun, in den Arm zu fallen, um dessen „selbstlosen“ Kampf zu stoppen?

Wie Führungskräfte und Personaler, müssen sich auch Betriebsräte in der Rolle von BEM-Beratern von gewohnten Identifikationen lösen. Ein bestimmter BEM-Fall mag noch so gut zur betriebsratspolitischen Linie passen; wenn der betriebsrätliche Berater jedoch spürt, dass der Klient sich schwertut, in dessen Strategie eine *für ihn* adäquate Lösung seines Problems zu sehen, hat er sich ganz auf die Seite seines Klienten zu stellen, selbst wenn – aus der Sicht eines Betriebsrats – die Zeichen gut stünden, den Konflikt mit dem Arbeitgeber zu Gunsten des Klienten (und im Sinne des BR) auszufechten. Gewiss, er kann dem Klienten seine betriebsrätliche Strategie vorstellen, ja, empfehlen, als *eine* Möglichkeit, aber nicht als einzige oder die einzig richtige. Und er darf ihm auch nicht verschweigen, dass der ggf. zu erwartende Widerstand des Arbeitgebers auch von ihm Standfestigkeit erfordere. Entscheidet sich der Klient trotz der Warnung *für* diese Option, wird er im Schulterschluss mit dem Berater auch in der Sitzung des BEM-Teams hinter seiner Entscheidung stehen.

Kein wirksamer Eingriff ohne Risiken und Nebenwirkungen

Mögliche „Risiken und Nebenwirkungen" dürfen also fairerweise nicht unterschlagen oder heruntergespielt werden. Diese Warnung gilt für die anvisierte Problemlösung selbst („ohne Garantie") wie für mögliche Hindernisse und Konflikte bei ihrer Umsetzung. Aus der Medizin kennen wir die Verpflichtung, vor Operationen oder Therapien mit Nebenwirkungen den Patienten ausdrücklich und detailliert auf die Risiken hinzuweisen und sich die Unterrichtung durch Unterschrift bestätigen zu lassen. Problemlösungen in BEM-Verfahren können nicht nur zu Konflikten mit dem Arbeitgeber(vertreter) führen, sondern auch zu finanziellen Einbußen (z. B. wenn Schichtzuschläge wegfallen), zu einem verschärften Kontrollverhalten des Vorgesetzten oder zum Verlust der gewohnten Teamumgebung. Schließlich hat der Klient, nicht der Berater, die Entscheidung über das weitere Vorgehen zu treffen. Der Berater hat gegebenenfalls eine „zweitbeste" Option zu akzeptieren und sie genauso engagiert zu unterstützen, wie wenn sein Klient den (vielleicht tatsächlich besseren) Vorschlag des Betriebsrats angenommen hätte.

Das BEM-Team – eine partnerschaftliche Institution

Die Überlegungen zu den Rollen- und Loyalitätskonflikten der BEM-Akteure im Allgemeinen und der Fallberater im Besonderen machen deutlich, welch hohe Ansprüche an die BEM-Teammitglieder der Arbeitgeber- wie der Betriebsratsseite zu richten sind. Und dass die Überwindung des Lagerdenkens im BEM-Team wie auch die Zuerkennung von Entscheidungskompetenz die professionelle Umsetzung des § 167 Abs. 2 SGB IX erleichtert. Das BEM-Team als Institution im Betrieb muss daher eine eigene Gruppenidentität ausbilden können. Dieses Team-Bewusstsein entsteht nicht von selber, sondern setzt ein Bemühen aller Beteiligten voraus.

Auf einen hilfreichen Aktivansatz, der auch identitätsstiftend wirkt, möchte ich hinweisen: Das BEM-Team stellt sich *gemeinsam* der Betriebsöffentlichkeit vor. Es informiert – Betriebsrat, SBV und Arbeitgebervertreter in seltener Einmütigkeit – *gemeinsam* und periodisch über das BEM. Und nicht zuletzt sollte das Team auch an sich denken und wenigstens einmal im Jahr sich eine gemeinsame Klausurtagung gönnen, um ihre Arbeit und ihre Zusammenarbeit in Ruhe einer selbstkritischen Betrachtung zu unterziehen.

In diesem Sinne steckt im BEM auch die Chance, die Vision des Betriebsverfassungsgesetzes von der viel beschworenen und so schwer umzusetzenden *vertrauensvollen Zusammenarbeit von Arbeitgeber und Betriebsrat zum Wohl der Arbeitnehmer und des Betriebs* (§ 2 BetrVG) an einem sensiblen Kreuzpunkt beider Interessenlagen zu verwirklichen. Das BEM-Team wäre dann die Institution, die diese Zusammenarbeit für die Mitarbeiter konkret und sehr persönlich erfahrbar macht.

Individuelle Beratung im Regelwald. Wie viel Spielraum gewährt das Verfahren?

Die BEM-Betriebsvereinbarung

In der Literatur zum BEM wird immer wieder lobend betont, dass der Gesetzgeber den Betrieben großen Spielraum bei der Gestaltung des eigenen betrieblichen Eingliederungsmanagements zugestanden habe. Dieses im Idealfall gemeinsam erarbeitete BEM-Konzept wird dann in einer *Betriebsvereinbarung* zur geltenden Norm. Wenn man in Betriebsvereinbarungen gegossene BEM-Konstrukte miteinander vergleicht, lassen sich zwei Typen unterscheiden:

- BEM-Betriebsvereinbarungen, die detailliert jeden Schritt im BEM-Verfahren beschreiben und einen hohen Anspruch an Verfahrenssicherheit und Transparenz (Prozessdokumentation) erkennen lassen. Damit soll den Akteuren im BEM, den Mitgliedern des BEM-Teams und insbesondere den Beratern, geholfen sein.
- BEM-Betriebsvereinbarungen, die in erster Linie die gesetzlichen Vorgaben wiedergeben, einige allgemeine Formulierungen und Formulare aus Muster-BVs übernehmen und kaum einen eigenständigen Ansatz eines BEM unter Berücksichtigung der spezifischen Bedingungen des eigenen Betriebs entwickelt haben.[23]

Der zweite Typ legt den Verdacht nahe, dass die Vorarbeit mit dem Ziel, ein betriebspraktisches Tool den Akteuren an die Hand zu geben, zu kurz kam und immer noch wenig unternommen wird, um das BEM der Betriebsöffentlichkeit attraktiv zu präsentieren und ihm zu breiter Akzeptanz zu verhelfen. Beim ersten Typ machen sich die Sozialpartner zwar eine Menge Gedanken, um die bestmögliche Umsetzung des gesetzlichen Auftrags im eigenen Betrieb zu gewährleisten. Dabei wird aber leicht übers Ziel hinausgeschossen: Zu viel wird geregelt. Im Blätterwald der Formulare und Leitfäden bleibt nur noch wenig Spielraum für eine flexible Gestaltung für individuelle BEM-Verfahren und für ein Experimentieren in der Pilotphase, da alle Akteure bemüht sind, sich an die vereinbarten Regeln der BV zu halten. Die BV sollte daher besser zunächst Entwurfscharakter haben für eine definierte Zeit der Erprobung des Verfahrens und der Instrumente.

---

[23] Diese kaum auf betriebliche Besonderheiten eingehenden Betriebsvereinbarungen mögen für Gesamt- oder Konzern-Betriebsvereinbarungen genügen, vorausgesetzt, sie setzen einen verpflichtenden Impuls auf der Ebene der Betriebe. Leider wird diese Vorgabe mancherorts weniger als Anstoß denn als bequemer Ersatz für die Erarbeitung einer passgenauen BV für den eigenen Betrieb missverstanden.

Grundschema des BEM-Verfahrens in 6 Schritten

Der gesamte Prozess vollzieht sich in 6 Schritten (bzw. in 7, wenn man Fallbesprechung (❹a) und Maßnahmenplanung (❹b) als eigenständige Positionen betrachtet). Diese Systematik sagt nichts aus über die Anzahl der im individuellen BEM erforderlichen Sitzungen. In einfachen Fällen können sich die Schritte ❹ und ❺ sogar auf eine einzige Sitzung beschränken. Ich betone diesen Unterschied zwischen Systematik und Praxis, warne aber vor der Versuchung, Verfahren möglichst zügig durchziehen zu wollen. Es besteht die Gefahr, die aktive, selbstbestimmte Beteiligung und Entscheidungsfähigkeit des Klienten zu überfordern.

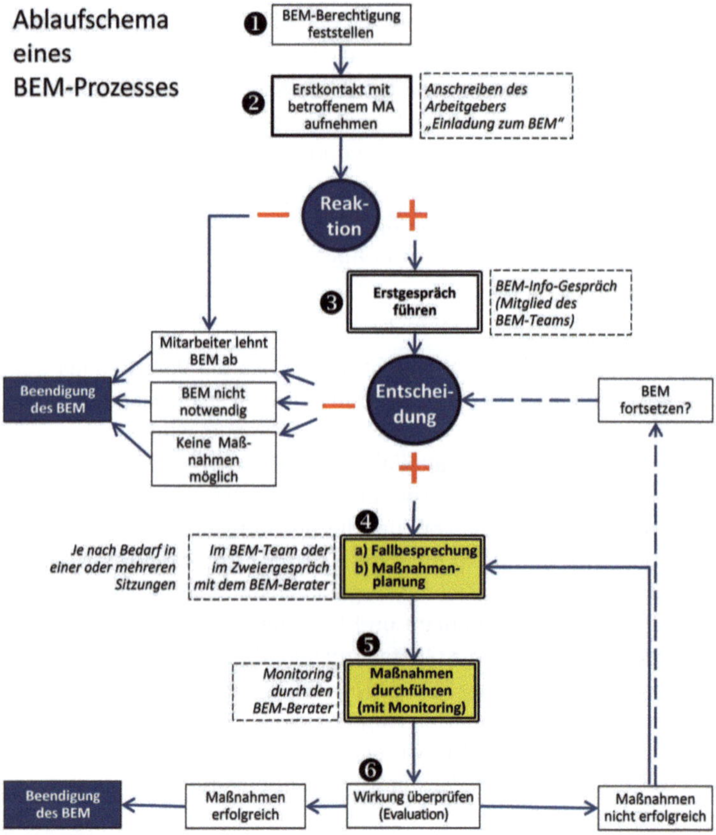

Abb. 2: Schematische Darstellung des BEM-Verfahrens

Phase I: Projekt-Berechtigung und Entscheidung

❶ **Systematische Feststellung von BEM-Berechtigungen** durch die Personalabteilung und zeitnahe Information über die betroffenen Personen an das BEM-Team, den BR und ggf. die SBV.

❷ **Einladung zum BEM und zum Erstgespräch:** Der Arbeitgeber bietet dem BEM-berechtigten Mitarbeiter die Teilnahme am BEM an mit (schriftlicher) „Einladung zum BEM" und zu einem Erst- bzw. Infogespräch als Entscheidungshilfe. Der Klient kann sich dazu eine persönliche Beraterin bzw. einen persönlichen Berater aus der Liste der BEM-Team-Mitglieder auswählen. Lehnt die angesprochene Person vorneweg ab: kein BEM und kein Info-Gespräch. Nimmt sie es an: terminliche Vereinbarung des Erst-/Infogesprächs ggf. mit der/dem BEM-Berater/-in aus der Beraterliste oder mit dem BEM-Koordinator.

❸ **Erst-/Info-Gespräch über Ziele und Verfahren des BEM:**

- In diesem Gespräch geht es noch nicht um die detaillierte Problemlage des Klienten, sondern vor allem um die Klärung der rechtlichen Fragen zum BEM, insbesondere der Rechtsfolgen seiner Entscheidungen, den Datenschutz und die Verschwiegenheitspflicht, sowie um das Verfahren und die Stellung des BEM-Berechtigten darin.
- Unterschriftliche Bestätigung des Klienten, über das BEM unterrichtet worden zu sein.
- Entscheidung (auch mit Bedenkzeit) des Klienten über Teilnahme oder Ablehnung. Annahme des BEM: ggf. neue Wahl und Wechsel des persönlichen Beraters im BEM-Verfahren; ggf. Mitwirkung bei der Zusammensetzung des BEM-Teams (z. B.: Hinzuziehung einer Vertrauensperson des BEM-Berechtigten nach § 167 Abs. 2 Satz 2 SGB IX; ggf. Ablehnung der Mitwirkung der Arbeitnehmervertretung).

Phase II: Projektentwicklung und Umsetzung

❹ **Fallbearbeitung:**

a) Fallbesprechung: Problem im Detail beschreiben, Zielvorstellungen formulieren; Empfehlung: zunächst im Zweier-/Dreiergespräch als Vorbereitung auf die Fallbearbeitung im BEM-Team.

b) Maßnahmenplanung: im Team: Lösungssuche, Prüfung der Realisierungsmöglichkeit; Kostenkalkulation und ggf. Mittelbeschaffung; Maßnahme(n) beschließen.

In variablen Settings: vom Zweier-/Dreiergespräch bis hin zu Teamsitzungen je nach Bedarf mit in- und externen Experten und Verantwortlichen (z. B. Abteilungsleitung).

❺ **Umsetzung der Maßnahme(n):**
mit Monitoring (durch den persönlichen BEM-Berater);
ggf. frühzeitige Anpassung der Maßnahmenplanung im BEMTeam und am Arbeitsplatz

Phase III: Projektabschluss

❻ **Erfolgreich:**
Evaluation im BEM-Team (Ergebnis, Verfahren); Rahmendaten in Personalakte; Projektdokumentation in BEM-Akte. Beendigung des BEM.

Bei unbefriedigendem Ergebnis oder Änderung der Faktenlage: ggf. Modifikation der Maßnahmenplanung („zurück auf ❹b") oder Entscheidung im Team über Sinn und Möglichkeit, das BEM-Verfahren z. B. aufgrund einer geänderten Faktenlage vorzeitig neu aufzusetzen („zurück auf ❹a") oder beenden und abwarten, bis erneute BEM-Berechtigung eintritt (ab ❶, ohne ❸).

Einladung und Informationsgespräch (Phase I)

Zwei Weichen auf dem Weg zur freien Entscheidung

Die Anforderungen, die nach §167 Abs. 2 Satz 1 SGB IX an die systematische Feststellung der BEM-Berechtigung (❶) gestellt werden, sind hinlänglich in der Literatur zum BEM beschrieben. Ich setze sie als bekannt voraus.

Im Eingangsbereich des Verfahrens sind zwei Weichen eingebaut, die dem Klienten eine **freie Entscheidung für oder gegen das BEM** ermöglichen sollen: im Erstkontakt (❷) und im Anschluss an das Erstgespräch (❸). Die ähnlich lautenden Schritte „Erst*kontakt*" und

„Erst*gespräch*“[24], die in der BEM-Literatur gebräuchlich sind, verleiten dazu, den Unterschied zu verwischen. Zwar haben beide die Funktion, den Klienten zu einer freien und eigenverantwortlichen Entscheidung zu führen, aber in zwei klar getrennten Schritten.

Erstkontakt: Die *einladende* Einladung

Der *Erstkontakt* erfolgt auf Initiative des Arbeitgebers: ein formelles (schriftliches) Angebot des BEM samt Beraterliste zur Auswahl mit der Bitte um (ebenso formelle) Rückmeldung.[25] Sehr zu empfehlen ist die Praxis, dieses Schreiben in einem persönlichen Telefonat anzukündigen und den Empfänger darauf vorzubereiten. Realistischerweise ist davon auszugehen, dass in den meisten Fällen das Wissen über das BEM kaum über nebulöse Vorstellungen samt kursierender Bedenken und Befürchtungen hinausgeht. Umso wichtiger ist es, gerade im Einladungsschreiben jeden Entscheidungsdruck zu vermeiden. Selbst die leisesten Warnungen über *„nicht auszuschließende rechtliche Konsequenzen“* vor Gericht im Falle krankheitsbedingter Kündigung, falls das BEM-Angebot zuvor ausgeschlagen wurde, lesen sich wie Drohungen. Sie konterkarieren das Prinzip der Freiwilligkeit für die BEM-Berechtigten und sind in dieser Unbestimmtheit rechtlich auch nicht haltbar. Über solche Fragen spricht sich's entspannter im persönlichen Gespräch.

Ein Nein zum Angebot muss noch nicht das Ende des BEM bedeuten. Man kann den Klienten immer noch mündlich auf das *unverbindliche* Informationsgespräch verweisen, damit er seine Entscheidung auf der Basis eines verbesserten Verständnisses des BEM und ggf. einer

[24] Um der terminologischen Verwechslungsgefahr mit dem „Erstkontakt“ zu entgehen, empfehle ich, das „Erstgespräch“ inhaltlich treffender *„Informationsgespräch“* zu nennen und davon den Einstieg in die eigentliche Fallbearbeitung (Schritt ❹) methodisch abzugrenzen. Die methodische Abgrenzung schließt nicht aus, dass im einen oder anderen Fall die Fallbearbeitung in derselben Sitzung an das Informationsgespräch anschließt. Es ist jedoch auch hier eine Vermischung von Information und Fallbesprechung zu vermeiden. Auf diese „Versuchung“ kommen wir weiter unten (S. 52) zurück.

[25] Wenn unter dem Erstkontakt das formelle Angebot des Arbeitgebers in Form einer schriftlichen Einladung zum BEM verstanden wird, so lässt sich vorsorglich durch eine mündliche (telefonische) Ankündigung dieses Schreibens kurz davor vermeiden, dass der Erhalt des Schreibens den BEM-Berechtigten unnötig unter Stress setzt.

offenen Aussprache über seine Vorbehalte überdenken könne.[26] Die Türe zum BEM bleibe offen: Dem BEM-Berechtigten stehe es frei, jederzeit auf das Angebot zurückzugreifen.

Nach der Prüfung verschiedener Muster-Einladungsschreiben[27] wie auch von firmeneigenen biete ich nachfolgenden Formulierungsvorschlag an. Darin habe ich die hier vertretene Variante eines Informationsgesprächs eingearbeitet, das der Entscheidung des Klienten für oder gegen das BEM vorgeschaltet ist.

---

[26] Das BAG hat in seinem Urteil vom 24.03.2011, Az.: 2 AZR 170/10, einige Grundsätze des BEM präzisiert und betont, wie wichtig die Belehrung des BEM-Berechtigten über das BEM sei. Zitat aus dem Urteil, Abschnitte 25 und 26: „*Die Belehrung nach § 84 Abs. 2 Satz 3 SGB IX* [entspricht nach der Novellierung des SGB IX vom 24.06.2022 nun § 167 Abs. 2 Satz 4] *gehört zu einem regelkonformen Ersuchen des Arbeitgebers um Zustimmung des Arbeitnehmers zur Durchführung eines BEM (...). Sie soll dem Arbeitnehmer die Entscheidung ermöglichen, ob er ihm zustimmt oder nicht (...). Die Initiativlast für die Durchführung eines BEM trägt der Arbeitgeber (...). Stimmt der Arbeitnehmer trotz ordnungsgemäßer Aufklärung nicht zu, ist das Unterlassen eines BEM ‚kündigungsneutral' (...).*"
(http://lexetius.com/2011,1998)

[27] Jedem Unternehmen ist es selbst überlassen, wie es das Einladungsschreiben zum BEM formuliert. Betont werden müssen die Freiwilligkeit der Einwilligung ins BEM, die aktive Einbeziehung des Betroffenen in den gemeinsamen Suchprozess nach Verbesserungsmöglichkeiten seitens des Betriebs und das Recht, eine Vertrauensperson eingener Wahl am Verfahren teilnehmen zu lassen.

Hier ein Vorschlag für das Einladungsschreiben mit Rückantwortformular:

Sehr geehrte Frau ... / sehr geehrter Herr ...,

[für Fälle von Langzeiterkrankung:]

aufgrund Ihrer langen Erkrankung möchten wir Ihnen gerne auf diesem Wege unsere besten Genesungswünsche übermitteln und hoffen, dass sich Ihr Gesundheitszustand zwischenzeitlich verbessert hat. Gleichzeitig [...]

[für Fälle mit häufigen Kurzzeiterkrankungen:]

aufgrund Ihrer wiederholten Erkrankungen in den letzten 12 Monaten machen wir uns Sorge über Ihre gesundheitliche Situation und möchten gerne zur Verbesserung Ihrer Gesundheit beitragen. Dazu [...]

[...] bieten wir Ihnen im Rahmen unserer Fürsorgepflicht sowie auf der Grundlage des § 167 Abs. 2 Sozialgesetzbuch 9 ein betriebliches Eingliederungsmanagement (BEM) an.

Gemeinsam mit Ihnen möchten wir nach Möglichkeiten suchen, wie wir dazu beitragen können, Ihre Arbeitsfähigkeit möglichst wiederherzustellen oder zu verbessern, und gegebenenfalls, mit welchen Leistungen oder Hilfen einer erneuten Arbeitsunfähigkeit vorgebeugt werden kann. Daher bitten wir Sie, Vorschläge zu machen, z. B. dazu, wie ggf. bestehende Belastungen bei der Arbeit verringert werden könnten.

Das BEM dient somit auch dazu, die Grundlagen Ihrer weiteren Beschäftigung zu sichern. Es findet jedoch nur unter der Voraussetzung statt, dass Sie damit einverstanden sind.

Sie haben das Recht, eine Person Ihres Vertrauens als Beobachter*in oder aktive Teilnehmer*in an Ihrem BEM-Verfahren zu beteiligen. Kosten, die Ihnen dadurch entstehen (z. B. Honorar, Aufwandsentschädigung), gehen jedoch zu Ihren Lasten.

Dem beiliegenden Informationsschreiben können Sie erste Informationen über das BEM entnehmen.

Als Anlage finden Sie ein Rückmeldeformular, auf dem Sie Ihr Einverständnis oder Ihre Ablehnung erklären können. Mit Ihrem Einverständnis zu einem unverbindlichen persönlichen Informationsgespräch über das BEM und Ihre Fragen, vor allem zum Verfahren und zum Schutz Ihrer Daten, verschaffen Sie sich die Basis für Ihre freie, gut begründete Entscheidung.

Bitte senden Sie uns dieses Formular ausgefüllt und unterschrieben bis zum ... [Datum] zurück. Im Falle Ihres Einverständnisses wird sich das von Ihnen gewählte Mitglied unseres BEM-Teams mit Ihnen in Verbindung setzen, um einen Termin für dieses Informationsgespräch zum BEM zu vereinbaren.

Mit freundlichen Grüßen

ERKLÄRUNG

Name: ______________ Personalnummer: _________

Im Rahmen des betrieblichen Eingliederungsmanagements gemäß § 167 Abs. 2 SGB IX wurde mir vom Arbeitgeber ein Gespräch angeboten. Es liege ihm daran, mich vor meiner Entscheidung ausführlich zu informieren über Ziele und Verfahren des BEM, den rechtlichen Hintergrund und den Datenschutz sowie meine persönlichen Fragen zum BEM zu beantworten.

☐ Dieses Gesprächsangebot zur Information über das BEM nehme ich an.

Das Gespräch wünsche ich mit folgendem Mitglied des BEM-Teams zu führen:

☐ Herrn/Frau ... (BEM-Koordinator/-in), Tel. ...
☐ Herrn ... (Mitglied der Personalabteilung), Tel. ...
☐ Frau ... (Mitglied der Personalabteilung), Tel. ...
☐ Herrn ... (BR-Mitglied), Tel. ...
☐ Frau ... (BR-Mitglied), Tel. ...
☐ Herrn ... (Schwerbehindertenvertrauensperson), Tel. ...
☐ Frau ... (stv. Schwerbehindertenvertrauensperson), Tel. ...
☐ keine Präferenz / keinen bestimmten Wunschgesprächspartner

☐ Ich wünsche kein betriebliches Eingliederungsmanagement und verzichte auch auf das Informationsgespräch.

Zutreffendes bitte ankreuzen.

Datum ___________ Unterschrift __________________

Bitte senden Sie diese Erklärung mit dem dafür vorgesehenen Freiumschlag in jedem Fall bis zum ...... zurück.

Vielen Dank!

Das Erstgespräch: Informieren und zu kompetenter Entscheidung befähigen

Das *Erst- oder Info-Gespräch* erfolgt auf der Basis der *Vor*-Entscheidung des Klienten für das BEM, die auf dem Antwortformular rückgemeldet wurde. Auf diesem Blatt hat er wahrscheinlich auch seine Wahl des bevorzugten Gesprächspartners getroffen. Er weiß, dass dieses Gespräch unverbindlich ist, und er wird sich einige kritische Fragen zurechtlegen, wahrscheinlich solche, die in der Belegschaft kursieren und die Berater immer wieder zu hören bekommen. Je nachdem, wie das Gespräch ausfällt, wird er sich entscheiden. Gleichzeitig kann er sich auch schon einen Eindruck verschaffen, wie der Berater mit ihm umgeht.

Gesprächsmethodisch empfehle ich dem Berater, nicht in einem langen Monolog das ganze Thema BEM Punkt für Punkt nach Liste abarbeiten zu wollen. Besser ist es, in einem offenen Gespräch an die Aufgabe heranzugehen. Das geht am einfachsten mit einer Einstiegsfrage, wie:

> *„Welche Punkte sind Ihnen unklar oder für Ihre Entscheidung besonders wichtig?“*

oder noch offener:

> *„Was ging Ihnen so durch den Kopf, als Sie die Einladung zum BEM gelesen hatten?“*

Daraus entwickelt sich ein lockeres Gespräch und berücksichtigt wie von selbst vorrangig jene Punkte, die den Klienten besonders beschäftigen. Die Checkliste auf dem Tisch garantiert, dass am Ende alle wesentlichen Punkte angesprochen sind. Bei allen unterschiedlichen Gesprächsverläufen und Schwerpunktbildungen ist mittels dieser Vorlage ein Informationsstandard garantiert, an dem sich alle Berater des BEM-Teams orientieren.

Ein weiterer Vorteil: Die Gefahr, dass das Infogespräch unversehens in die Fallbearbeitung übergeht, weil der Klient bereits sein Problem ins Spiel bringt, verringert sich, da das Blatt auf dem Tisch eine fokussierende Wirkung auf das Gespräch ausübt. Der Klient darf in seine Leidensgeschichte abschweifen und der Berater hat ihn nicht zu reglementieren. Er lässt ihn reden, hört aufmerksam zu, spiegelt auch besondere Gefühlslagen oder Erfahrungen, jedoch *ohne nachzuhaken.* Er steigt also nicht in die persönliche Krankheitsgeschichte ein, sondern kehrt zum Informationsauftrag zurück mit einer sanften Wendung, in der Art wie:

„Ja, das kann ich mir vorstellen, dass Sie das schwer belastet (hat). Falls wir mit dem BEM starten, werden wir später bestimmt darauf wieder zurückkommen. Doch zunächst muss ich noch ein paar wichtige Punkte loswerden, damit Sie eine wirklich klare Vorstellung haben, was im BEM auf Sie zukommt, falls Sie sich dafür entscheiden. Haben Sie zu dem letzten Punkt, über den wir gesprochen haben, noch eine Frage? ...“

„Datenschutz“ –Pflichtthema im Erstgespräch!

Unabdingbar für alle mit dem BEM befassten Akteure ist eine fundierte Kenntnis des Datenschutzes im BEM. Und insbesondere die BEM-Berater sollten im Erstgespräch jeden noch so unscheinbaren Wink des Klienten in diese Richtung ernst nehmen und aufgreifen. Aufgreifen heißt, man bestätigt dem Gesprächspartner, er habe einen wirklich ernsten Punkt des BEM angesprochen. Denn es ist richtig, dass die Akzeptanz des BEM in der Belegschaft steht und fällt mit der Erfahrung BEM-betroffener Kollegen, wie mit ihren sehr persönlichen Daten und Auskünften über ihre Leidensgeschichte und ihre aktuelle Befindlichkeit umgegangen wurde.

Auch wenn weder Krankheitsbefunde noch Diagnosen nachgefragt werden dürfen, so kommen doch – insbesondere in den vertraulichen Gesprächen mit dem persönlichen Berater – Befindlichkeiten, Sorgen, Ängste, Konflikterfahrungen am Arbeitsplatz sowie Hoffnungen und Wünsche zur Sprache. Solche Informationen liefern höchst wertvolle Hinweise auf der gemeinsamen Suche nach Verbesserungen der Arbeitssituation des Klienten. Und darüber wird der Berater sich in seinen Gesprächsprotokollen Notizen machen. Da liegt doch die Frage: Wer sonst noch bekommt darin Einblick? schon auf der Zunge.

So ist Datenschutz ein neuralgischer Punkt in der BEM-Aufklärung. Und nicht ein perfekter Vortrag wird diesem Anspruch gerecht, sondern eine mit anschaulichen Beispielen möglichst aus dem eigenen Umfeld des Klienten „illustrierte“ Darstellung des Problems. Zum einen geht es um den Schutz der gespeicherten Daten, zum anderen um die Verschwiegenheit aller Mitglieder des BEM-Teams, die mit der Bearbeitung der Fälle befasst sind. Es genügt also nicht, nur auf die streng geregelte Trennung von Daten zu verweisen, welche in die Personalakte und welche in der BEM-Akte unter Verschluss kommen.

Denn was geschieht darüber hinaus mit all den mündlich preisgegebenen subjektiven Mitteilungen, ob über die eigene Person, die privaten Verhältnisse oder die betrieblichen Erfahrungen und Beziehungen am Arbeitsplatz? Was davon wandert aus dem vertraulichen Zweier- oder Dreiergespräch ins Team, in den BR? Was könnte schließlich durchsickern bis zum Vorgesetzten, zum Personalmanager, zum Chef?

Diese ausgesprochenen oder unausgesprochenen Befürchtungen nicht kleinreden, wegwischen, sondern richtig ernst nehmen! Was aber ist solchem doch nicht unbegründeten Misstrauen zu entgegnen?

Die Antwort ergibt sich aus dem Verständnis des BEM-Klienten in seiner Rolle als „Herr" des Verfahrens. *Er* entscheidet, wer was mit wem über ihn redet. *Er* entscheidet, was aus den Zweier- und Dreiergesprächen ins BEM-Team eingebracht wird und was nicht. Der Berater tut gut daran, sehr genau darauf zu achten. Verspieltes Vertrauen schadet ihm und dem BEM über den aktuellen Fall hinaus. Das Erstgespräch und darin das Datenschutzthema sind keine Formalie, sondern der erste ernste Test, wie kompetent die Verantwortlichen das BEM betreiben und wie ernst die Betroffenen genommen werden.

Vom Informationsgespräch zur Fallbearbeitung

Vorrangig geht es im Erstgespräch um den Kompetenztransfer, der den Klienten zu einer rationalen Entscheidung befähigen soll. Zu dieser Entscheidung ist dem Klienten genügend Zeit zu lassen. Entscheidet er sich jedoch gleich an Ort und Stelle für das BEM und ist noch genügend Zeit (mindestens eine halbe Stunde) in der Sitzung, kann der Einstieg in die Fallbearbeitung an das Infogespräch anschließen.

Bedenkzeit anbieten

So praktisch dieser fast nahtlose Übergang für den Berater sein mag, er sollte ihn sich nicht zum Ziel setzen. Besser ist es, er schließt das Infogespräch mit dem Hinweis ab, dass der Klient sich ruhig für seine Entscheidung Bedenkzeit nehmen solle. Aber bitte nicht mit einer Frage wie:

> *„Wollen Sie, dass wir uns jetzt gleich mit Ihrer Situation beschäftigen, oder brauchen Sie noch Bedenkzeit?"*

Solche Alternativfragen wirken manipulativ und erzeugen unnötigen Druck. Und sie riskieren im Face-to-Face-Kontakt eine situationsbedingte Fehlentscheidung. Dagegen entlastet das „kunden"-freundliche Angebot der Bedenkzeit die Entscheidungssituation:

> *„Sie haben jetzt sehr viel über das BEM gehört und wollen sich diese Informationen sicher erst in Ruhe durch den Kopf gehen lassen, bevor Sie sich entscheiden. Lassen Sie sich ruhig Zeit dafür. Das BEM-Infoblatt gebe ich Ihnen mit als Erinnerungsstütze. Worum ich Sie noch bitte, ist Ihre Unterschrift unter mein Exemplar* [des Infoblatts]. *Damit bestätigen Sie, dass wir diese Punkte alle besprochen haben." Sollten Sie nachträglich noch Fragen haben, können Sie mich jederzeit darauf ansprechen.*[28]

Die Bedenkzeit erleichtert es dem Klienten, falls die Chemie zwischen ihm und dem Berater nicht gestimmt haben sollte, sich von *diesem* wieder zu trennen. Eine diesbezügliche Rückmeldung könnte er dann dem BEM-Team bzw. der Personalabteilung geben und ggf. auch einen anderen aus dem Beraterpool anfragen.[29]

Bedenkzeit begrenzen

Der Berater kann es dem Klienten überlassen, wann er sich meldet, um seine Entscheidung mitzuteilen und, falls die Entscheidung pro BEM gefallen ist, dann die (erste) Sitzung zur Fallbearbeitung (❹ a) zu vereinbaren. Oder der Berater behält die Initiative für die Rückmeldung, indem er mit dem Klienten eine Bedenkfrist (ca. 1 Woche) vereinbart, innerhalb derer der Klient seine Entscheidung jederzeit rückmelden bzw. an deren Ende er mit der Nachfrage seitens des Beraters rechnen könne. Die Vereinbarung einer Bedenkzeit und Terminierung der Entscheidung sollten ausdrücklich mit dem Hinweis verknüpft werden,

---

[28] Aus guten Gründen – nicht zuletzt aus dem rechtlichen, notfalls vor Gericht die geforderte Belehrung des Klienten nachweisen zu können – sollte sich der Arbeitgeber die stattgefundene Aufklärung über das BEM vom Klienten bescheinigen lassen. Und der Berater seinerseits könnte dem Arbeitgeber damit belegen, der rechtlich gebotenen Informationspflicht nachgekommen zu sein. Hilfreich ist ein standardisiertes Informationsblatt, auf dem alle wesentlichen Punkte in Kurzfassung versammelt sind und das dem Berater im Gespräch als Checkliste zum Abhaken dienen kann. Am Ende des Blattes befindet sich eine Zeile für die Unterschrift des Klienten, mit der er die Informationsvermittlung bestätigt. Das Ganze in Kopie für den Klienten (auch zum Nachlesen). Mit der Unterschrift des Klienten wird das Infogespräch abgeschlossen. Wenn der Klient keine Bedenkzeit in Anspruch nehmen will, kann sich der Einstieg in die Fallbearbeitung (❹a) anschließen.

[29] Der Klient kann nicht nur jederzeit das BEM canceln, er darf auch die „Pferde wechseln".

dass ein Ja zum BEM dem Klienten nicht das Recht nehme, das BEM jederzeit abzubrechen. Nimmt er die Bedenkzeit in Anspruch, endet die Sitzung hier.

Einstieg in die Fallbearbeitung

Verzichtet der Klient auf die Bedenkzeit und wird gar ungeduldig:

> *„Wie lange dauert es denn noch, bis wir endlich zu meinem Problem kommen?"*

kann der Berater davon ausgehen, dass die Vertrauensbasis trägt, und Berater und Klient zur Fallbearbeitung übergehen können. Berater:

> *„Sie sind also mit dem BEM einverstanden – okay, dann können wir uns gerne gleich an die eigentliche Arbeit machen. Doch zuvor bitte ich Sie noch, mit Ihrer Unterschrift zu bestätigen, dass wir diese Punkte hier* [auf dem Infoblatt] *besprochen haben."*

In einfachen oder eiligen Fällen *kann* sich also im Erstgespräch die Fallbearbeitung an das Infogespräch anschließen. Der Berater sollte allerdings auf keinen Fall, um Zeit zu sparen, sich für diese erste Sitzung zu viel vornehmen. Es ist generell davon auszugehen, dass das BEM für den Betroffenen psychisch anstrengender, belastender ist als für den Berater, umso mehr, wenn jener krankheitsbedingt angeschlagen ist.

Es ist ratsam, die Sitzungsdauer zu begrenzen. Verständlicherweise möchte man gerne mit einem Ergebnis aus der Sitzung herausgehen. Und es gibt Menschen, die haben die Energie, auch Marathonsitzungen durchzustehen. Diese Ausdauer sollten wir auf keinen Fall bei Klienten voraussetzen. Außerdem zeigt die Erfahrung, dass festgelegte oder vereinbarte Sitzungszeiten oder wenigstens Sitzungspausen Blockaden lösen können. Hat man sich zu Beginn auf eine Zeitbegrenzung verständigt, dann kann die Unterbrechung eines inhaltlichen Gesprächsstrangs, selbst ohne handfestes Ergebnis, auch nicht als Signal von Frustration oder Desinteresse missdeutet werden.

Solche Rahmenbedingungen für Gespräche dürfen in ihrer Wirkung weder auf die inhaltliche Arbeit noch auf die Beziehung der Gesprächspartner zueinander unterschätzt werden. Sie sind Instrumente der Gesprächsleitung, die dem Berater im Zweiergespräch ebenso obliegt wie dem Leiter oder Moderator eines Teams oder einer Versammlung. Leiten heißt in erster Linie Struktur geben, Rahmen setzen, Verantwortung für den Verlauf übernehmen und diese Regeln transparent machen bzw., vor allem in kleiner Runde oder in Einzelgesprächen, den Gesprächsrahmen vereinbaren.

Die Fallbearbeitung – das Hauptstück der BEM-Beratung

Fallklärung (❹ a) und **Maßnahmenplanung** (❹ b) können mehrere Sitzungen erforderlich machen. Dies wird sich vor allem dann ergeben, wenn Vorschläge auf Realisierbarkeit zu prüfen sind, wenn betriebsexterne (v. a. familiäre) Belastungsfaktoren hereinspielen und mit zu berücksichtigen sind oder wenn zu einem Folgegespräch interne oder externe Experten (Arbeitssicherheitsfachkraft, Vorgesetzter, Betriebsarzt, Reha-Träger, Integrationsamt, Integrationsfachdienst, Arbeitsagentur ...) hinzugezogen werden sollen. Die Fallbearbeitung, die in die Planung geeigneter Maßnahmen führt, kann also in wechselnden Settings stattfinden, von der Zweier- und Dreier-Sitzung: Berater und Klient, ggf. mit Vertrauensperson, bis hin zu mehrköpfigen Teamsitzungen am Runden Tisch. In der erweiterten Runde wird der persönliche Berater zum „Fallmanager", der den roten Faden in der Hand behält und für eine *im Sinne des Klienten* zielorientierte „Projektarbeit" sorgt; sogar die Sitzungsleitung kann ihm übertragen werden. Oder er nimmt die Rolle des „Paten" ein. An der Seite des Klienten wacht er darüber, dass der Klient nicht vor der „Übermacht" der Profis einknickt und dass seine Bedürfnisse Gehör und ernst gemeinte Berücksichtigung finden.

Fallklärung, Lösungssuche und -entscheidung, woran die Maßnahmenplanung anschließt, sind das Herzstück des Beratungsprozesses. Ob er, wie in vielen anderen Beratungsvorgängen, durchgängig im Zweier-Setting abläuft oder, wie in BEM-Verfahren, Sitzungen zu zweit mit solchen im Team abwechseln können, die Grundstruktur der Beratung, das 3-Phasen-Schema, bleibt dieselbe (s. nächste Seite Abb. 3, linke Spalte). Der Prozess zielt auf die Handlungsebene: die Umsetzung der Maßnahmenplanung. Sie wird flankiert von einem Monitoring, das bei Bedarf wiederum Beratung erforderlich machen kann.

In der folgenden Beschreibung dieser Struktur greife ich auf bekannte Begriffe aus der ärztlichen Beratung zurück: *„Anamnese"*, *„Diagnose"*, *„Therapie"*. Diese drei Begriffe sollen helfen, die 5 Prozessschritte zu veranschaulichen (Abb. 3, rechte Spalte). Um nicht missverstanden zu werden: Im BEM finden außerhalb des Arztgesprächs keine medizinische Anamnese, Diagnostik und Therapieberatung statt. Diese (grobe) Dreigliederung ärztlicher Beratung und Behandlung dient uns also nur als begriffliche Analogie, mit der ich einem streng strukturierten Vorgehen auch in der nicht-ärztlichen (Sozial-)Beratung leichter zu Akzeptanz verhelfen will.

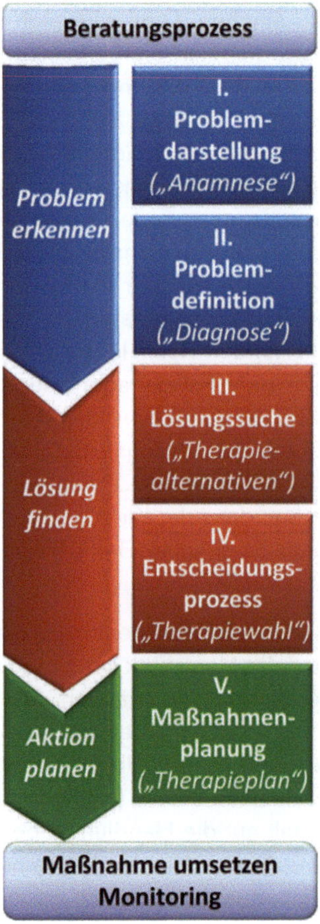

Abb. 3: Phasen und Schritte des Beratungsprozesses

Von der „Anamnese“ zum „Therapieplan“. Der Beratungsprozesses in fünf Schritten

Begleiten und Leiten – person- und zielorientierte Beratung

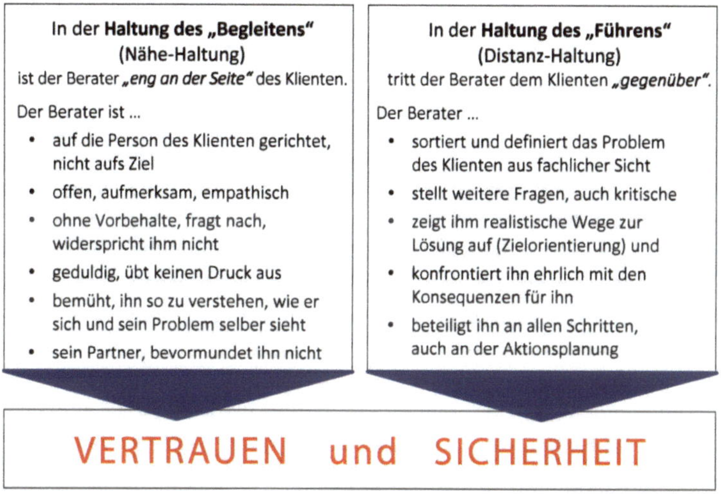

Abb. 4: Nähe- und Distanz-Haltung des Beraters

Begleiten und Leiten, Nähe und Distanz. Es sind diese beiden Grundhaltungen, die der Berater in den Beratungsprozess mit seiner Persönlichkeit plus seiner fachlichen Kompetenz einbringt. Sie beide, im Wechsel, befördern die Dynamik zielorientierter Beratung, ohne Gefahr zu laufen, entweder den Klienten oder das Ziel aus den Augen zu verlieren. Diese Balance zwischen Mensch und Ziel, zwischen Nähe und Distanz, zwischen Begleiten und Leiten ist besonders in BEM-Prozessen so unabdingbar wie schwierig.

Zum einen handelt es sich um den hochsensiblen Bereich der persönlichen Gesundheit mit allem, was sich mit ihr in den individuellen Krankheitsgeschichten an Erfahrungen, Gefühlen und Belastungen verbindet, zum anderen um die Arbeits- und Leistungsfähigkeit, deren ernste Gefährdung als existenzielle Bedrohung wahrgenommen wird. Genau dafür will das BEM eine bewahrende Lösung erreichen.

Doch wie Gesundheit oft auch nur mittels eines schmerzhaften medizinischen Eingriffs wiederherzustellen ist, so konfrontiert das BEM-Verfahren den Betroffenen mit der Erfahrung, dass die Krankheitsgeschichte nun auch eine existenzielle Dimension annimmt, eine Erfahrung, die, so fürsorglich sie auch gemeint sein mag, sich dennoch höchst beunruhigend anfühlt.

Vorberatung im Zweier- oder Dreiergespräch

Das BEM-Verfahren ist – verglichen mit den früheren Krankenrückkehrgesprächen – aufwendig. An der Frage, wie das Problem der effektiven Anpassung des Arbeitsplatzes an die individuelle gesundheitliche Situation gelöst werden könne, sind mehrere beteiligt. Die Zielfrage ist zwar Teil der Beratung, aber spätestens, wenn es um die Entscheidung über die einzusetzenden Maßnahmen geht, sind die Entscheidungsträger des BEM-Teams, unter Einbindung externer Expertise (Betriebsarzt, Reha-Träger), einzubeziehen. Diese Erweiterung des Beratungs- und Entscheidungsprozesses wirkt sich auf die Gespräche im Zweier- oder Dreier-Setting aus. Sie werden zu *„Vorberatungen".* Je kompetenter sie geführt werden, desto effektiver werden sie Einfluss auf die Maßnahmenplanung im Team nehmen.

Vielleicht empfindet sich mancher Fallberater/-begleiter[30] in den persönlichen Beratungsgesprächen mit seinen Klienten unter Druck. Seine Beratung gerät zur Zuarbeit in den individuellen BEM-„Projekten", die das Team auf den Weg bringt. Diesem Druck *nicht* nachzugeben und die Beratung *nicht* ihrer Zielfunktion unterzuordnen, fällt vermutlich vor allem ungeübten Beratern nicht leicht. Unter diesen Umständen ist es hilfreich, den Beratungsgesprächen eine Struktur zu geben, um die Balance zwischen den Bedürfnissen der Person und dem Sachziel nicht zu gefährden und beiden Erwartungen gerecht zu werden. Wie stellt sich diese Struktur dar?

In dem hier skizzierten Modell gliedert sie sich in fünf Schritte, die im Folgenden vorgestellt werden. Die Frage nach der Rolle des Teams und wann es in diesem Prozess ins Spiel kommt, stellt sich nicht vor den Schritten IV und V.

---

[30] Die Begriffe „Fallberater", „Fallbegleiter" benutze ich synonym. Sie betonen allenfalls unterschiedliche Aspekte der Rolle des persönlichen Beraters im BEM.

Schritte I und II: Problemdarstellung des Klienten und Problemdefinition des Beraters

Wie der (gute) Arzt nicht mit der Therapie eines neuen Patienten beginnt – Ausnahme: im akuten Notfall –, ohne zuvor eine sorgfältige Anamnese durchgeführt zu haben, inklusive Laboruntersuchungen, Röntgenaufnahmen usw., so sollte auch der (betriebliche) Berater sich nicht mit wenigen Informationen „abspeisen" lassen, sondern sich ein klares, möglichst umfassendes Bild von der jeweiligen Problemlage machen. Eine gute Anamnese benötigt Zeit (und Geduld). Diese Zeit muss sich der Berater nehmen und er muss sie auch dem Klienten lassen, gegebenenfalls sogar abverlangen, wenn dieser ungeduldig sofort auf die Lösung seines Problems drängt.

Problem erkennen. Vom ganzheitlichen Erleben zur Faktorenanalyse

In Schritt I: Problemdarstellung *(„Anamnese"[31]),* ist der Klient der Hauptakteur. Er schildert die subjektive Sicht seiner Situation, wie er sie erlebt hat. Seine Krankheitsgeschichte, seine Arbeitsplatzsituation, außerbetriebliche Belastungsfaktoren, soweit er von sich aus davon spricht, all dem ist in einem offenen Gespräch Raum zu geben. Der Berater hört aufmerksam zu, fragt nach, macht sich Notizen.

In Schritt II: Problemdefinition *(„Diagnose"),* übernimmt der Berater die aktive Rolle. Er fasst zusammen, sortiert und versucht eine erste Sichtung der Faktoren, die zu den hohen Fehlzeiten geführt haben könnten. Dabei ist der Blick noch nicht auf das Betriebliche reduziert. Im Gegenteil: Außerbetriebliche Faktoren sind mit einzubeziehen, selbst wenn sie später nicht Gegenstand der betrieblichen Maßnahme sein können.

Zu Beginn unserer Beschäftigung mit Beratung im BEM habe ich auf die „komplexe Belastungssituation" von Klienten (siehe S. 12 f) hingewiesen. In sie fließen diverse Faktoren aus den Bereichen Gesundheit, Arbeit und Umfeld (Familie, Wohnen, Finanzen usw.) ein, die sich gegenseitig verstärken können. Wer einen schweren Rucksack trägt,

---

[31] „Anamnese" und „Diagnose" verwende ich für unseren Zusammenhang nur in Analogie zu den bekannten medizinischen Begriffen. Ich stelle klar, dass nur Ärzte befugt sind, medizinische Anamnesen durchzuführen und Diagnosen zu stellen.

fühlt sich von der Gesamtlast auf seinen Schultern erdrückt und ist oft kaum noch imstande, die Gesamtlast als eine Summe von Teillasten unterschiedlicher Herkunft zu begreifen. Er erlebt seine Situation quasi „ganzheitlich". In dieser Lage benötigt er nicht Hilfe, die ihm die Last abnimmt, sondern die ihn befähigt, den Rucksack zu öffnen und die Belastungsfaktoren zu entflechten und zu sortieren. Daraus lassen sich, soweit im Rahmen eines BEM möglich, Lösungsansätze entwickeln, in denen die Komplexität der Gesamtbelastung nachvollziehbar Berücksichtigung findet.

Beispiel:

> Eine Mitarbeiterin hat seit Jahren Bandscheibenprobleme und ist deswegen in ständiger Behandlung. Ihre zunehmenden Fehlzeiten und ein längerer Krankenhausaufenthalt führten schließlich zum Angebot des BEM. Nach ärztlichem wie betriebsärztlichem Befund wird davon abgeraten, sie bestimmte Tätigkeiten weiterhin in der gewohnten Weise ausführen zu lassen. Recht schnell findet sich eine praktikable Lösung, ihren Arbeitsplatz technisch so einzurichten, dass die Bewegungseinschränkung kompensiert werden kann. Alle Beteiligten sind mit der Lösung zufrieden, auch die Klientin selber, und anfangs scheint die Maßnahme auch den erwünschten Effekt zu erzeugen. Doch schon gegen Ende der Testphase verschlechtert sich die Situation erneut. Die Schmerzen und die Fehlzeiten nehmen rasch wieder zu. Da erinnert sich die Beraterin in einer Sitzung des BEM-Teams, in der die neue Lage beraten werden soll, dass die Klientin mal von ihrer pflegebedürftigen Mutter erzählt habe, der sie täglich aus dem Bett in den Rollstuhl helfen müsse, um sie in die Tagespflege zu bringen. Dasselbe nach der Arbeit wieder, vom Rollstuhl zurück ins Bett. Und dass sie das kaum noch schaffe. Schnell wird der Runde klar, dass man mit der Arbeitsplatzmaßnahme zwar das Richtige getan, aber dennoch zu kurz gegriffen habe. Es werde zu prüfen sein, ob es entsprechende Hilfe, personell und/oder finanziell, gebe, die auch für die häusliche Entlastung sorgen könne. Diese Lösung müsse zwar nicht der Betrieb erbringen, aber er könne sie anstoßen. Nur so könne die Arbeitsplatzmaßnahme nachhaltigen Erfolg haben.

Vom ganzheitlichen Erleben zur Faktorenanalyse – so lassen sich die ersten beiden Schritte der Phase I des Beratungsprozesses: „Problem erkennen" (vgl. Abb. 3, S. 58), überschreiben.[32] Beide, Berater und

---

32 Die erweiterte Perspektive, die hier für das BEM-Konzept vertreten wird, ist inspiriert vom „Haus der Arbeitsfähigkeit", einem praxisorientierten Ansatz zur ganzheitlichen Gestaltung der Arbeitswelt. Er geht auf den finnischen Arbeitswissenschaftler Juhani Ilmarinen

Klient, gehen sie gemeinsam. In Schritt 1 schildert der Klient seine Situation, frei aus seinem subjektiven Erleben heraus. Der Berater unterstützt diese Rede in der Haltung der Nähe (Akzeptanz, Empathie). Er will in erster Linie verstehen: die Sachlage *und* die Person. Das, was er hört, wertet er nicht nach den Kriterien richtig und falsch. Seine Gesprächsführung ist *„nicht-direktiv"* (Aktives Zuhören, Spiegeln, Nach-Fragen, Zusammenfassen).[33]

Wie fragt man nach außerbetrieblichen Belastungsfaktoren?

Der Versuch des Beraters, die Informationen des Klienten einigermaßen sortiert zusammenzufassen, führt zu einer ersten geordneten Differenzierung der Situation nach Faktoren und Bereichen der Belastung. Diese Sicht ist nicht auf den betrieblichen Bereich beschränkt. Eine solche erste Problemlandkarte, die ihm die Zusammenfassung des Beraters präsentiert, enthält noch viele weiße Stellen. Sie animieren den Klienten, weitere Details nachzutragen, bemüht, ja so verstanden zu werden, wie *er* die Dinge sieht. *Seine* Sicht in Frage stellen oder kritisieren zu wollen, wäre kontraproduktiv. Es würde den Klienten in eine Rechtfertigungshaltung zwingen. Die Ehrlichkeit bliebe auf der Strecke bliebe und Misstrauen würde dem Berater seine Aufgabe sehr erschweren.

Belastungssituationen sind selten ausschließlich gesundheitlicher oder ausschließlich betrieblicher Natur. In ihnen können die Probleme am Arbeitsplatz auf vielfältige Weise mit denen des Lebensumfelds verzahnt sein. Die Vermutung solcher Zusammenhänge darf den Berater jedoch nicht verleiten, gezielt und direkt nach Belastungsfaktoren in der Familie zu fragen:

> *„Wir haben jetzt die Probleme am Arbeitsplatz diskutiert. Gibt es außerdem noch andere Schwierigkeiten, die Sie belasten, zum Beispiel im familiären Bereich?"*

Diese und ähnliche Fragen verbieten sich von selbst. Sie gehören in die Kategorie „Verhör" und nicht in die Beratung. Wie verschafft sich der Berater nun aber einen ganzheitlichen Blick auf jenes Problempanorama, wenn der Klient nicht schon von sich aus davon spricht?

---

zurück und hat sich mittlerweile in Deutschland gut etabliert. *(Lit.: Tempel J., Ilmarinen J.: Arbeitsleben 2025).*

33 Zu den Instrumenten der „nicht-direktiven" Gesprächsführung s. Waltner P., *Kollegen und Mitarbeiter professionell beraten,* Rieder-Verlag, 2022, Kap. 4.1.

Menschen sind sehr unterschiedlich in ihrer Art, über sich zu reden. Die einen berichten eher spontan und assoziativ. Gesundheitliche und medizinische Informationen mischen sich mit familiären Episoden und Konflikterfahrungen im Betrieb. Andere erzählen eher strukturiert und beschränken sich auf die gesundheitlichen Belastungen am Arbeitsplatz. Sie gehen davon aus, dass im Betrieb (und im BEM) ja nichts anderes gefragt sei, oder sind der Meinung, dass den Betrieb ihr Privatleben nichts angehe. Dieses Bedürfnis nach strikter Trennung von Betrieb und Privatleben ist sehr gut nachvollziehbar und wahrscheinlich weit verbreitet. Es ist selbstverständlich zu respektieren. Dennoch gibt es eine Möglichkeit, an die private Tür zu klopfen.

Beispiel:

Ein Klient bringt seine gesundheitliche Situation (und häufigen AU-Zeiten) mit Konflikterfahrungen am Arbeitsplatz in Zusammenhang, die er als Mobbing empfindet. Nach der ausführlichen Schilderung, vom Berater unterstützt durch Aktives Zuhören und Nachfragen, versucht dieser, das Gehörte zusammenzufassen. Er will überprüfen, ob er das gesamte Belastungsszenario richtig verstanden habe. Dabei spiegelt er dem Klienten seinen Eindruck, dass er sehr darunter leide, und knüpft daran folgende Vermutung:

„Wie Sie das so geschildert haben, kann ich mit gut vorstellen, dass das Problem Sie auch noch zu Hause verfolgt und Ihre Familie mitbelastet."

Er äußert nur eine – naheliegende – Vermutung, aber keine Frage! Der Klient hört den Impulsgedanken; es bleibt ihm überlassen, darauf einzugehen oder nicht. Er kann ihn ignorieren, kann ihn knapp bestätigen: *„Ja, da haben Sie wohl recht!"*, oder darauf eingehen:

„Ja, meine Frau kann es schon nicht mehr hören. Sie hat in ihrer Arbeit auch Dauerärger mit ihrem Chef. Ich fress' es jetzt halt in mich hinein. Nachts liege ich oft stundenlang wach und meine Gedanken fahren Karussell."

Berater: *„Sie haben also niemanden, mit dem Sie darüber sprechen können?"*

Klient: *„Nee. Ich nehm' halt Pillen, wenn ich gar nicht mehr weiter weiß."*

Berater: *„Das heißt, dass Sie auch nach der Arbeit so gut wie keine Erholung finden und auch schlecht schlafen."*

Klient: *„Ja, genau, das alles macht mich krank!"*

Der Berater fasst die Problemlage zusammen

Die Problemschilderung des Klienten beschließt der Berater mit seinem *Versuch,* in einem Überblick die Gesamtproblematik, wie sie sich ihm bisher vermittelt hat, nach Problembereichen und -faktoren sortiert darzustellen, und bittet den Klienten, dazu Stellung zu nehmen. Meist fällt diesem dann ergänzend noch das Eine oder Andere dazu ein, wodurch manchmal die Dinge wiederum in einem etwas anderen Licht erscheinen. Die Bestätigung der (nachgebesserten) Darstellung sichert die Basis für die weitere gemeinsame Arbeit. Die (geprüfte) Verständigung über das Problem bewirkt den Schulterschluss zwischen Berater und Klient.

Methodisch sind die beiden ersten Schritte gesondert zu behandeln. Damit soll gesichert werden, dass die Problemdarstellung wirklich der Hauptpart des Klienten ist und der Berater ihn allenfalls durch vertiefendes (aktives) Zuhören und *Nach*-Fragen darin unterstützt. Mit der Verarbeitung des Gehörten wartet der Berater, bis der Klient seine Darstellung abgeschlossen hat. Sein Part ist die Wiedergabe der aufgenommenen Informationen, nun sortiert nach Aspekten (Gesundheit/Krankheit, Betrieb/Arbeit, Familie/Erholung, psychische Befindlichkeit), um klare Linien durchs gefühlte Chaos zu ziehen, an denen entlang die weiteren Schritte gegangen werden können.

Fokussierung auf Arbeitsplatz und Gesundheit

Dieser „Befund" führt dann zur „Diagnose", dem II. Schritt, der nun den Fokus auf den Zielbereich des BEM richtet: das Zusammenwirken von Arbeitsbedingungen und gesundheitlicher Verfassung. Dabei werden die Belastungsfaktoren identifiziert. Bei dieser ersten arbeitsplatzbezogenen Problemanalyse wird der Berater immer wieder rückfragen, da sich natürlich jetzt detailliertere Fragen stellen als zuvor. Der Klient seinerseits ist sehr gespannt, wie sich aus der Beratersicht seine Lage darstellt, und bedient den Berater gerne mit weiteren Informationen.

Jetzt, an dieser Stelle und nicht früher, können nun arbeitsplatzbezogene Analyseinstrumente zum Einsatz kommen, wie z. B. der Arbeitsfähigkeitsindex (Work Ability Index WAI)[34] in seiner Kurzversion, die

[34] Der Fragebogen zur subjektiven Einschätzung der Arbeitsfähigkeit wurde in den 1980er Jahren von Forschern am Finnish Institute of Occupational Health (FIOH) um Prof. Juhani Ilmarinen entwickelt. Dort entstand auch das Konzept „Haus der Arbeitsfähigkeit". Beide Konzepte sind seit Langem in vielen Ländern weltweit fest

auch von Laienberatern genutzt werden kann. Der WAI als vertiefendes Tool lässt sich gut an die freie, subjektive Schilderung des Klienten und der strukturierenden Zusammenfassung des Beraters anschließen. Auch das Tool bleibt im subjektiven Raum der Problemeinschätzung des Klienten. Allerdings fokussiert es sich auf die Arbeitsplatzsituation und es ist ein standardisiertes Verfahren, dessen Ergebnisse sich auf wissenschaftlicher Basis bewerten lassen und vergleichen[35] lassen.

Warum nicht gleich damit beginnen? Könnte man sich dann nicht die ganze „Märchenstunde" sparen?

Nein! Gleich zu Beginn eingesetzte Fragebogen würden den Blick *zu früh* auf den Arbeitsplatz verengen. Die wichtigen Interaktionsprozesse zwischen betrieblicher/arbeitsplatzbezogener und außerbetrieblicher (insbesondere Familie, Hausbau, Schuldendruck usw.) Belastungsfaktoren entgingen der Problem-„Anamnese". Weiterer Nachteil: Die Anfangssituation einer Beratung hat eine starke Prägewirkung auf die Beziehung und die Kommunikation zwischen Klient und Berater. Fragebogen haftet immer eine Machthaltigkeit an, die für den Klienten etwas Undurchschaubares und Manipulatives hat und ihn in eine Objektrolle versetzt. Ich könnte mir auch vorstellen, dass man den Fragebogen gar nicht in der Sitzung ausfüllt, sondern dem Klienten Zweck und Handling des Tools erklärt und ihn bittet, das Blatt bis zur nächsten Sitzung auszufüllen.

„Diagnose" zwischen Empathie und rationaler Distanz

Unter dem ***Beziehungsaspekt*** sind diese ersten beiden Schritte, „Anamnese" und „Diagnose", jedoch eine Einheit. Berater und Klient bewegen sich gemeinsam im Erfahrungsraum des Klienten. Auch der erste „diagnostische" Versuch des Beraters, das Gehörte geordnet und sortiert wiederzugeben, behält noch etwas von der empathi-

etabliert, in Deutschland u. a. in der Bundesanstalt für Arbeitsschutz und Arbeitsmedizin (BAUA), DGB („Neue Wege im BEM"). Der **WAI** wird auch als Ergänzungstool zu den Gefährdungsanalysefragebogen genutzt. Zur Information empfehle ich die Broschüre der Bundesanstalt für Arbeitsschutz und Arbeitsmedizin (BAUA): *Why WAI? Der Work Ability Index im Einsatz für Arbeitsfähigkeit und Prävention. – Erfahrungsberichte aus der Praxis* (Download in: www.baua.de/DE/Angebote/Publikationen/Praxis/A51.html); Download des WAI-Fragebogens (Kurzversion) mit Auswertungsanleitung: www.arbeitsfaehigkeit.uni-wuppertal.de/picture/upload/file/WAI-Kurzversion_mit%20Auswertung_2015.pdf).

[35] So kann der Fragebogen zu Beginn und zum Ende des BEM-Verfahrens ausgefüllt und ausgewertet werden. Das Profil der Veränderungen ist ein wichtiger Indikator für die abschließende Evaluation des BEM-Verfahrens.

schen Wärme, die beim einfühlenden Zuhören zwischen den beiden entstanden ist. Die Distanz nimmt erst zu, wenn der Berater danach den Lichtkegel auf den betrieblichen Aspekt richtet (z. B. mittels des WAI-Fragebogens) und die darin zutage tretende Problematik aus Beratersicht klar und rational beschreibt. Dabei kommt es nicht auf objektive Sicherheit der Analyse an, sondern dass *beide*, Berater *und* Klient, die zwei Zugänge zum Problem aktiv benutzen: den empathisch-ganzheitlichen und den rational-analytischen.

Achtung: Für Lösungsansätze ist es noch zu früh!

Noch hat der Berater keine weiteren Informationen als jene des Klienten. Zusätzliche Informationen einzuholen, sei es aus der Personalakte, sei es durch Gespräche, etwa mit Vorgesetzten oder mit dem Betriebsarzt, ist ohnehin nur mit seinem ausdrücklichen Einverständnis bzw. seiner Beteiligung erlaubt. Ich warne auch davor, sich schon im Vorfeld über den Klienten und die Verhältnisse in seiner Abteilung zu informieren. Denn dann ist der Kopf nicht mehr frei, das Herz nicht mehr offen für die subjektive Sicht des Klienten auf *seine* Wirklichkeit. Sobald er spürt, dass der Berater seiner Schilderung misstraut, fällt er in eine Schutz- und Rechtfertigungshaltung und das Vertrauen nimmt Schaden.

Der Versuch einer vorläufigen „Diagnose" legt noch einige weiße Flecken auf der Problemlandkarte offen, Fragen, die in der Darstellung des Klienten keine Antwort finden. Sie erscheinen aber wichtig, um die Situation fachlich richtig einschätzen zu können. Hier sind dann die oben erwähnten zusätzlichen Informationen – mit Erlaubnis und erwünschter persönlicher Beteiligung des Klienten – von dritter Seite einzuholen.

Türe öffnen zur Lösungssuche

Zum Schluss der ersten beiden Schritte in der Fallbearbeitung kann man, im Vorgriff auf den dritten, die Lösungssuche, noch den Klienten fragen, was er sich selbst als Lösung vorstellen könnte bzw. sich wünschen würde, was er hilfreich fände, vielleicht auch, was er auf keinen Fall möchte. Dies bietet sich vor allem an, wenn der Klient wenig Neigung zeigt, an der BEM-Teamsitzung persönlich teilzunehmen. Was auch immer er sagt, die Statements sind an dieser Stelle noch nicht zu bewerten, noch nicht zu prüfen. Der Berater hat im Gegenzug auch nichts zu versprechen und nichts abzulehnen oder als unrealistisch zu disqualifizieren. Er hat nur zur Kenntnis zu nehmen. Sich auf keinen Fall bereits auf die Glatteisfrage nach der *richtigen* oder der *möglichen* Maßnahme einlassen! Dies könnte als (vorschnelle) Festlegung gedeutet werden. Solche Themen sind Aufgabe des Teams und werden auf der Agenda seiner nächsten Sitzung stehen. Der Klient soll sich nur schon Gedanken machen und ahnen, dass er sich an dieser Suche aktiv beteiligen muss.

Schritte III und IV: Erarbeitung von Lösungsideen und Wahlentscheidung

Suche nach geeigneter Problemlösung

In dem Dialog unseres Beispiels (S. 64) erfährt der Berater, dass es sich um eine längst über das Betriebliche hinaus ausgeweitete Belastungssituation handelt. Entlastung scheint es so gut wie nicht zu geben, weder sozial (Familie/Partnerschaft) noch psychisch (Gespräche), wahrscheinlich auch physisch (Sport, Entspannung) nicht. Medikamente – Suchtgefahr nicht auszuschließen – verschaffen ihm Luft, eine trügerische Entlastung. Die fehlende Balance von Be- und Entlastung droht chronisch zu werden. Eine lösungsorientierte Beratung wird daher einerseits den innerbetrieblichen Konflikt („Mobbingerfahrung“) in Angriff nehmen müssen und andererseits herauszufinden versuchen, welche ausgleichenden Aktivitäten zur Gestaltung der Freizeit ihm zusagen würden. Solche Überlegungen könnten zu dem Auftrag an den Klienten führen, selbst geeignete Freizeitangebote am Wohnort und in der Umgebung ausfindig zu machen. (Der Berater kann ja mal gelegentlich nachfragen, ob er schon etwas gefunden habe ...) Die Einschaltung eines Arztes, um ggf. von den Medikamenten (und/oder Suchtmitteln) loszukommen, könnte zusätzlich in Erwägung gezogen werden.

Dieses Beispiel will zeigen, wie auch im Betrieb, im Rahmen des BEM, ganzheitlich beraten und lösungsorientiert vorgegangen werden kann. Den Fokus ausschließlich auf den Arbeitsplatz zu reduzieren, wird der Realität selten gerecht. Außerbetriebliche Aspekte einbeziehen heißt nicht, dass der Betrieb auch für außerbetriebliche Problemlösungen verantwortlich sei. Sie können aber sehr wohl in die Überlegungen miteinbezogen werden. Erfahrenere Berater haben dazu auch den einen oder anderen praktischen Tipp, an wen man sich wenden könnte. Doch ob der Klient ihn nutzen wird, bleibt ihm überlassen.

Berater, die in komplexen Fällen betrieblicher *und* außerbetrieblicher Belastungsfaktoren ihre Arbeit von Beginn der Fallbearbeitung an auf den Betrieb fokussieren, machen es solchen Klienten zu leicht. Nicht ungern sehen gerade sie ihr Problem als hauptsächlich arbeitsbedingt an.[36] Die reduzierte Sicht bringt ihre Problemverdrängung nicht in Gefahr und den BEM-Akteuren vereinfacht sie die mühsame (und manchmal auch unangenehme) Ursachenforschung und vermeidet die heikle Frage nach den (Schuld-)Anteilen der Klienten. Diese übernehmen den Fokus des Beraters und erwarten allein vom Betrieb die Lösung ihres Problems. So lässt sich die Aufgabe, dafür eine Lösung zu finden, allzu leicht an den Betrieb „delegieren":

> *„Darüber bestimmen ja eh die Fachleute und der Arbeitgeber. Was will* ich *da noch mitreden außer Jaja und Danke sagen?!"*

Umso wichtiger ist es folglich, dass in der Beratung die größeren Zusammenhänge – dazu gehören auch die Eigenanteile des Klienten an seinem Problem – behutsam (!) aufgedeckt und in die Lösungsfrage miteinbezogen werden.

Ehrliche Beratung verweigert bei aller Empathie für den Klienten die „Komplizenschaft", wenn es um seine Tabus geht.

Die Suche nach geeigneten Maßnahmen zu einer *nachhaltigen* Problemlösung bezieht den Klienten also aktiv ein. Je mehr erkennbar wird, dass es auch eigene (außerbetriebliche) Anteile des Klienten an der Problemlage gibt, ohne dass er sich in die Defensive gedrängt fühlt, desto besser lässt er sich motivieren, an der Problemlösung mitzuwirken.

[36] Ein zu eng gestricktes BEM könnte dieser Einschätzung durchaus Vorschub leisten. Damit wären zunächst alle sehr zufrieden. Der Mühe mit der Komplexität des Lebens wäre man enthoben, man käme schnell zu einer Lösung, man könnte regeln, kaufen, Gelder organisieren usw., abhaken, *„Der Nächste bitte!"*. Erwiese sich dann die Problemlösung als nicht nachhaltig, läge der Spruch allzu nahe: *„Man hat doch ‚alles' schon versucht."*

Das Setting: Vier-bzw. Sechs-Augen-Gespräch oder Teamsitzung?

Wer sich das Szenario der Lösungssuche und der Festsetzung von Maßnahmen realitätsnah vor Augen führt, wird der Empfehlung zustimmen, dass es klug ist, der Sitzung des BEM-Teams, mehr noch des erweiterten BEM-Teams (z. B. mit dem Vorgesetzten des Klienten, dem Betriebsarzt und dem Vertreter eines Reha-Trägers), eine Sitzung unter vier oder sechs Augen (der Klient, seine Vertrauensperson und der Berater) vorzuschalten. In dem intimeren Setting fällt es dem Klienten leichter, seine Vorstellungen zu äußern und bei den gemeinsamen Überlegungen mitzuwirken, sie in praktikable Maßnahmen weiterzuentwickeln. Diese Vorarbeit dient dann als Vorlage für die Diskussion in der Sitzung des BEM-Teams mit oder ohne Experten. Ob der Klient sein Konzept selber vorträgt oder von seinem Berater vortragen lässt, ist nicht mehr entscheidend. Es ist *sein* Konzept, das zur Diskussion steht. Und er fühlt sich in der Runde nicht allein, denn er weiß seine Vertrauensperson und vor allem den Berater an seiner Seite, schließlich trägt das Konzept auch dessen Handschrift.

Es gibt kein Schema, wie die Maßnahmen zu erarbeiten sind. Zu unterschiedlich sind die Fälle und die Rahmenbedingungen. Ich erinnere an den eingangs vertretenen Gedanken, das BEM-Team als „Projekt-Team" (s. Seite 16f) zu verstehen. Jedes Projekt gibt sich seine eigene Arbeitsorganisation. Sie wechselt mit den Akteuren und ihren Zielvorstellungen und sie ist immer flexibel an den Prozess und an die Bedürfnisse des Klienten, des zweiten „Herrn des Verfahrens", anzupassen.

Kein Fall ist wie der andere. Kein Verfahren muss genau nach demselben Strickmuster ablaufen wie das vorige. Es ist denkbar, dass im einen Fall das Team zunächst ohne den Klienten tagt und der Fallbegleiter als Informant („Sprachrohr") fungiert. Im Team (mit oder ohne Klient) werden nun die Wünsche des Klienten sowie ggf. weitere Ideen und Vorschläge aus dem Team gesammelt. Hier und jetzt ist der Ort und die Zeit, dieses Material zu diskutieren, Vor- und Nachteile abzuwägen, ggf. auch über die Erfordernisse zu sprechen, weitere von solchen Maßnahmen Betroffene (vor allem den Vorgesetzten des Klienten) oder interne/externe Fachleute (Fachkraft für Arbeitssicherheit, Betriebsarzt) hinzuzuziehen. Ist der Klient dabei, wird er aktiv an dieser Diskussion beteiligt.

Einwände seinerseits sind ernst zu nehmen, auch solche, welche die Team-Mitglieder nicht sofort überzeugen. Mangelhafte Rhetorik darf dem Klienten nicht zum Nachteil gereichen! Bitte nicht bagatellisieren, nicht widerlegen wollen! Derartige Widerstände lassen sich besser im Zweiergespräch klären und bearbeiten. Oft stecken sehr persönliche Erfahrungen und Ängste dahinter, die der Klient in der Teamrunde nicht offenlegen möchte und die weit hinter das verhandelte Problem zurückreichen können. Sie werden in diesem Setting also auch kaum angemessen zu bearbeiten sein. Jeden Druck vermeiden! Zu viel Druck erzeugt beim Klienten Stress und gefährdet seine Akzeptanz des BEM, zumindest seine Bereitschaft, aktiv im BEM mitzuwirken, um es zum Erfolg zu bringen.

Hat der Klient an der Sitzung zur Sichtung der Problemlösungsmöglichkeiten *nicht* teilgenommen, werden in der Folgesitzung – nun *mit* dem Klienten – ihm die vom Team erarbeiteten Vorschläge und Maßnahmen vorgestellt und erläutert. Bei seiner Stellungnahme dazu steht ihm sein BEM-Begleiter wachsam zur Seite, um zu verhindern, dass er sich sofort unter Entscheidungsdruck gesetzt fühlt.

Wenn die Entscheidung nicht gleich fällt, quasi wie ein reifer Apfel vom Baum, kann sie ebenso nach ausreichender Bedenkzeit im Zweiergespräch mit dem Begleiter fallen, im Bedarfsfalle nach Rücksprache mit seinem Arzt oder dem Betriebsarzt.

Schritt V: Aktionsplan zur Umsetzung der Maßnahme

Mit dieser Entscheidung geht es dann in die letzte Runde, sinnvollerweise im Team *mit* Klient, um gemeinsam die Durchführung der gewählten Maßnahme zu besprechen. Dies läuft im Schema unter Schritt V, der Aufstellung eines **Maßnahmenplans** *(„Therapieplan“)*. Hier hat der Berater darauf zu achten, dass der Klient aktiv einbezogen wird, dass seine Wünsche und Vorstellungen in der Ausgestaltung der Details berücksichtigt werden und dass er seine arbeits(platz) bezogene Erfahrungskompetenz einbringen kann.

Abgeschlossen wird dieser Prozessschritt mit der Absprache eines Monitorings in der Umsetzungsphase. Das Monitoring impliziert die Möglichkeit, jederzeit die Maßnahme anzupassen.

Umsetzung und Monitoring

Hier endet der eigentliche Beratungsprozess und die **Umsetzungsphase** (**❺**) der beschlossenen und geplanten BEM-Maßnahme beginnt. (Siehe Abb. 2, S. 44.) Die Maßnahme ist auf eine bestimmte Zeitspanne ausgelegt, in der die ***Begleitung*** weiterläuft bis zum offiziellen Abschluss des BEM-Verfahrens. Der Job des BEM-Beraters geht also im Sinne eines Coachings über den Beratungsprozess im engeren Sinne hinaus.

Die Umsetzung der geplanten betrieblichen Maßnahmen wird zur Nagelprobe für die Qualität der Beratung und des individuellen BEM-Projekts: Wie nachhaltig und flexibel gelingt es, Arbeitsanforderung mit der Arbeitsfähigkeit und der gesundheitlichen Belastbarkeit in die Balance zu bringen? [37]

Wozu nützt das Monitoring?

Das Monitoring bietet eine ***unterstützende Begleitung*** und Beratung des Klienten, vor allem wenn der Klient mit seiner Situation und mit sich selbst nicht im Reinen ist, Zeichen von Resignation und Unsicherheit oder von Überempfindlichkeit gegen Kritik erkennen lässt.

Es soll die Maßnahme auf ihre Wirkung und Tauglichkeit laufend überprüfen. Es garantiert außerdem eine ***frühzeitige Anpassung*** der Maßnahme, wenn die Annahmen der Belastbarkeit des Klienten sich als zu optimistisch oder als übervorsichtig erweisen. Nicht nur Über-, ebenso Unterforderung gefährdet den Erfolg der Maßnahme.

Und drittens dient das Monitoring der ***Konfliktprävention.*** Nur wenige Maßnahmen lassen sich in die Arbeitsorganisation und in das Team des Betroffenen völlig neutral einbauen, sodass sie keine Störungen (z. B. an Schnittstellen und in Netzen) und keine Arbeitsverlagerungen auf andere Arbeitsplätze hervorrufen. Daraus entwickeln sich schnell Konflikte mit Vorgesetzten und Kollegen, die nicht nur den Erfolg der BEM-Maßnahme in Frage stellen können, sondern auch, je länger sie anhalten und eskalieren, umso schwerer zu entschärfen sind. Für das begleitende Monitoring durch den „Fallmanager" (= Berater) sind also neben der beraterischen Kompetenz Erfahrungen in Konfliktmo-

---

[37] Auf die einschlägigen Begriffe sei hier erneut verwiesen: „Arbeitsfähigkeit", das Messinstrument „Arbeitsfähigkeits"-/„Arbeitsbewältigungs"- oder „Work Ability Index" (WAI), sowie „Arbeitsfähigkeitscoaching". Zu Letzterem s. auch Anm. 21, S. 31.

deration hilfreich. Zu beachten: Gespräche mit Dritten, Vorgesetzten und Kollegen des Klienten, darf der Berater nur mit ausdrücklichem Einverständnis des Klienten führen, wie immer: am besten unter seiner Beteiligung.

Auch für das Monitoring gilt: Kein Mensch, kein Fall ist wie der andere. Es wird Fälle geben, die einer engen Begleitung des Klienten bedürfen, wie auch solche, in denen das Monitoring rasch zurückgefahren werden kann auf gelegentliche Anrufe, ein sporadisches Vorbeischauen am Arbeitsplatz oder auf die Absprache mit dem Klienten, dass er bei Bedarf den Begleiter jederzeit ansprechen könne. Meist reicht ein kurzes Nachfragen, um sich ein Bild von der Entwicklung der Maßnahme machen zu können.

Korrekturen an der Wiedereingliederungsmaßnahme, soweit sie auf die Arbeitsorganisation (Arbeitszeit, Pausenregelung, Arbeitspensum) nachhaltige Auswirkungen haben, werden mit dem BEM-Team zu beraten sein. Dafür braucht es kurze Kommunikationswege zwischen Berater und Team und schnelle Entscheidungsmechanismen gerade in der Umsetzungsphase.

Das Monitoring endet erst mit dem offiziellen Abschluss der Maßnahme und ihrer Evaluation. Ein wachsames Monitoring kann die Gefahr des Scheiterns der Maßnahme verringern und ein rechtzeitiges Zurück zur Weiche nach dem Erstgespräch (❸) in die Wege leiten, um eine Entscheidung herbeizuführen für oder gegen ein BEM-2 auf der Basis der Erfahrungen in BEM-1 und deren Evaluation. (Vgl. Abb. 2, S. 44.)

Abschlussgespräch und Fallevaluation

Wenn die gesetzte Frist für die Wiedereingliederungsmaßnahme und das Monitoring abgelaufen sind, wird das Verfahren abgeschlossen. Dies geschieht mit einem **Abschlussgespräch** sowie einer Auswertung des Ergebnisses und der Erfahrungen, die im Prozess gemacht wurden. Auch dafür gibt es keine festen rechtlichen Vorgaben über die standardisierte Dokumentation in der BEM- und in der Personalakte hinaus. Berater und Klient sollten sich jedoch die Zeit nehmen für einen gemeinsamen Rückblick auf ihre Zusammenarbeit in dem gesamten BEM-Prozess. Der Berater bittet den Klienten um ein Feedback mit Blick auf das gesamte Verfahren wie auch auf seine Rolle als persönlicher Berater und Begleiter.

Die **Auswertung (Evaluation ❻)** findet im Team statt. Kritisch wird nicht nur das Ergebnis bewertet, sondern auch das teaminterne Verfahrensmanagement und in diesem Zusammenhang insbesondere die Kooperation mit den diversen Experten. Es stellt sich sicher auch die Frage, wie mit den Meinungsverschiedenheiten zwischen den Vertretern der Arbeitgeber- und der Arbeitnehmerseite im Team umgegangen wurde und ob *alle* am Fall beteiligten Teammitglieder bei der Suche nach Problemlösungen und der Maßnahmenentscheidung wirklich die Interessenlage des Klienten in den Mittelpunkt gestellt haben und nicht die Belange des betrieblichen Systems.

Auf der Grundlage der Erfahrungen aus dem gegebenen Fall ist schließlich zu fragen, was in ähnlichen Fällen verbessert werden könnte. Weder kann man erwarten, dass solche Prozesse von Anfang an optimal verlaufen, noch dass die Erfahrungen aus dem einen Fall 1:1 auf andere Fälle übertragbar sind. Die Evaluation sichert den Lernprozess nicht nur auf der individuellen Ebene der Akteure, sondern auch auf der Ebene des Systems („Lernende Organisation“).

Moderierende Beratung in Dreiergesprächen

Immer wieder tauchte es auf: das neuerliche ***„Recht des Klienten, eine Vertrauensperson eigener Wahl" in die BEM-Gespräche mitzunehmen***.

Der Gesetzgeber hat damit einen alten Streitpunkt abgeräumt. Davor war gemäß diverser Urteile der Arbeitgeber nicht zu verpflichten, dem Wunsch des Klienten stattzugeben, seinen Rechtsbeistand ins Verfahren mitzunehmen. In der letzten Änderung des SGB IX vom 24. 6. 2021 wurde nun in den § 167 Abs. 2 der klärende (neue) Satz 2 eingefügt: *„Beschäftigte können zusätzlich eine Vertrauensperson eigener Wahl hinzuziehen."* Also z. B. jemanden aus Familie, Verwandtschaft, Bekannten- und Freundeskreis, den Hausarzt oder nun einen Anwalt. Es scheint weiterhin Konsens darüber zu bestehen, dass etwaige Kosten, z. B. Anwaltshonorare, Reisekosten u. Ä., zu Lasten des Klienten gehen.

Für unser Thema „Beratung im BEM" stellt sich die Frage, wie die Vertrauensperson an der Seite des Klienten in den Beratungs- und schließlich auch in den Lösungssuchprozess integriert werden kann. Die Szenarien sind bekannt: zum einen die Beratungsgespräche mit dem gewählten BEM-Begleiter, zum anderen die Gespräche in den Sitzungen des BEM-Teams. Erstere haben die Funktion, den Klienten in der persönlichen Auseinandersetzung mit seiner gesundheitlichen Situation in Bezug auf Beruf und Arbeitsplatz zu unterstützen. Letztere sollen alle Entscheidungsträger und erforderlichen Fachleute zusammen an einen Tisch bringen, um passgenaue Lösungen für den Klienten zu erarbeiten. Diese Lösungen orientieren sich einerseits an den gesundheitlichen Bedürfnissen des Klienten. Andererseits prüft dieses Team für deren Umsetzung die betrieblichen Spielräume und die erforderlichen internen und externen Ressourcen, bevor darüber entschieden wird.

Vertrauensperson im BEM – eine Rolle mit Fragezeichen

Was die Rolle dieser Vertrauensperson betrifft, stellen sich mit der freien Wahl des Klienten einige neue Fragen, die von relevantem Einfluss auf unser Beratungsthema sind. Die Ausgangsfragen machen es deutlich: Wie versteht jener „Dritte im Bunde" seine Rolle, seine Aufgabe? Was erwartet der Klient von ihm? Geht es ihm um Begleitung *(„um nicht allein zu sein")* ? Um Schutz vor Überforderung *(„zu zweit versteht man mehr")* ? Um Verteidigung *(„bin zu schwach, mich zu wehren")* ? Soll er nur zuhören, eine Art „Zeuge" sein? Oder sich in die Gespräche aktiv einbringen, um die Seite des Klienten zu stärken?

In welcher dieser (oder noch denkbar anderer) Rollenvarianten sich die Vertrauensperson versteht, lässt sich nicht vorab definieren. Frühestens im Laufe des ersten Gesprächs wird für den Berater – vielleicht auch für den Klienten – eine Tendenz erkennbar. Vieles hängt dabei davon ab, wie es dem Berater gelingt, diesen Dritten ernsthaft und konstruktiv in die Gespräche einzubeziehen, selbst wenn zu Beginn die Begegnung von spürbarem Misstrauen und Spannung in der Luft geprägt sein sollte.

Eine weitere Variable ergibt sich aus den Fragen: Wann steigt die Vertrauensperson in den Prozess ein? Wünscht der Klient die Teilnahme von Beginn an durchgängig oder situativ-sporadisch („nach Bedarf") oder nur in den Sitzungen des BEM-Teams?

Ein Arzt oder ein Anwalt wird – schon aus Zeit- und Kostengründen – erst und wahrscheinlich einzig an der Sitzung oder den Sitzungen des BEM-Teams teilnehmen, wenn über Lösungsansätze beraten und entschieden wird. Die Beteiligung dieser Fachleute dürfte bei ernstem Bemühen um eine dem Arbeitgeber zumutbare Lösung im Sinne des Klienten kaum zu unlösbaren Konflikten führen. Ihre Integration in die Sitzungsrunde obliegt dem Sitzungsleiter, in der Regel dem vom Arbeitgeber eingesetzten BEM-Beauftragten oder -Koordinator.

Varianten der Beteiligung einer Vertrauensperson.
Der Klient bestimmt über ihre Präsenz.

Es ist dem Klienten überlassen, wie er sich die Beteiligung seiner Vertrauensperson vorstellt. Es wird Klienten geben, die vor allem in der ersten Phase, solange sie sich unsicher fühlen und misstrauisch sind, einen vertrauten Menschen an ihrer Seite wissen wollen. Andere wünschen sich eine Verstärkung in den Team-Sitzungen, vielleicht auch nur als Beobachter („Zeuge") des Verfahrens. Es ist auch denkbar, jenen Dritten zu allen Terminen mitzubringen.

Der BEM-Berater/-Begleiter kann mit allen Varianten der Dreier-Konstellation gut klarkommen, wenn er von vornherein der Vertrauensperson offen begegnet und sie einlädt, sich zunächst an den Beratungsgesprächen zu dritt aktiv zu beteiligen. Diese Mitarbeit kann sich später im Team fortsetzen, wenn es um die Erarbeitung einer tragfähigen Problemlösung geht. Und er sollte nicht versäumen klarzustellen, dass es allein dem Klienten obliegt, über die Präsenz der Vertrauensperson und den Umfang ihrer Beteiligung am Verfahren zu bestimmen. Eine frühe Einbindung ist bei nicht-professionellen Dritten sehr zu empfehlen, damit sie ihre – wahrscheinlich ungewohnte – Rolle im BEM-Verfahren ihres Bekannten oder Verwandten finden und sich konstruktiv einbringen können.

Aktive Einbeziehung der Vertrauensperson in die Beratungsgespräche

Anders stellt sich die Einbeziehung einer Vertrauensperson des Klienten in den Beratungsgesprächen im Vorfeld der Team-Sitzung(en) dar. Gehen wir davon aus, dass es sich in diesen Fällen eher um eine vertraute Person aus dem sozialen Umfeld des Klienten handelt als um einen mandatierten Fachspezialisten. Sie als Randfigur „mitlaufen" zu lassen oder zu „dulden", wäre nicht nur unklug, sondern man vergäbe sich die Chance, sie produktiv in die Fallarbeit einzubinden. Wahrscheinlich hat sie keinen objektiven, aber dennoch erfahrenen Blick auf die Person des Klienten. Sie kann also ihre Sicht auf seine Leidensgeschichte beitragen, auch Stellung beziehen zu Fragen, die sich aus dessen Selbstdarstellung ergeben, und seine Schilderungen kommentieren und ergänzen. Auch ein Dialog zwischen Klient und Vertrauensperson über die jeweiligen Wahrnehmungen und Einschätzun-gen kann sehr hilfreich sein für den Berater, da er aus dem Gespräch der beiden weitere Informationen zieht. Übrigens sind solche Gespräche, ob zu zweit oder zu dritt, auch für den Klienten hilfreich. Sie regen die Selbstreflexion über seine Lage an.

Die Instrumente der Gesprächsführung des Beraters greifen auch in der Dreierkonstellation. Je nach Engagement der Vertrauensperson im Gespräch kommt noch eine moderatorische Komponente hinzu: Unterschiedliche Sichtweisen der beiden „Informanten" spiegelt ihnen der „Moderator". Wie? Indem er versucht, die verschiedenen Schilderungen und Deutungen der beiden auf den Punkt zu bringen – ohne eigene Wertung! Diese pointierte Zusammenfassung enthält nicht nur die divergierenden Äußerungen der beiden, sondern auch die Einschätzungen, worin sie übereinstimmen.

Nach seinem Resümee fragt der Berater den Gast, ob er seine Sicht der Dinge richtig wiedergegeben habe. Korrekturen, Nachschärfungen, Ergänzungen sind zu erwarten und wünschenswert. Er darf sie nicht missverstehen im Sinne einer Infragestellung seiner beraterischen oder moderatorischen Kompetenz! Im Gegenteil! Sie bestätigen seine Führungsrolle und Klärungsfunktion in der Dreierkonstellation.

Erst an zweiter Stelle wendet er sich an den Klienten und bittet ihn um seine kritische Stellungnahme zu dem Gehörten. In seinem Kopf hallt noch das eigene Statement nach. Die Einlassungen seiner Vertrauensperson und das Ganze, gespiegelt in der Zusammenfassung des Beraters, bieten ihm genügend Stoff für eine – seine eigene! – reflektierende Bewertung seiner Situation.

Klient mit Vertrauensperson im BEM-Beratungsgespräch
Ein Szenenausschnitt

Die Vertrauensperson des BEM-Kandidaten Walter F. ist Frau Gerti F. Der Berater, BR-Mitglied und als Mitglied des BEM-Teams wählbarer BEM-Begleiter, kennt Walter F. schon lange und ist mit ihm per Du.

Klient Walter Funk, Migränepatient, zum Berater: ... *Schon nach einer halben Stunde weiß ich nicht mehr, wie ich meinen Kopf zusammenhalten kann. Die Zahlen flimmern nur noch auf dem Bildschirm und meine Augen tränen. Diese verdammten Kopfwehattacken machen mir Panik. Da ist der Tag schon gelaufen. Pillen schlucken, aufs Klo gehen, um kurz Ruhe und Dunkelheit zu haben, weitermachen. Aber die Pillen machen müde. Ich schaffe einfach mein Pensum nicht ...*

Walters Frau, Gerti Funk, zum Berater: ... *und es wird ja immer schlimmer. Zu Hause liegt er nur noch im Bett. Ist ja kein Wunder, dass der Arzt ihn immer wieder krankschreibt. Aber Walter lässt sich ja nichts sagen. Und seinem Chef ist das schnurzegal. Der ärgert sich ja nur, dass wieder Zeug liegen bleibt, wenn Walter sich krankmeldet. Walter braucht dringend eine Kur, mindestens 4, besser 6 Wochen, sonst wird das nix mehr. Muss man da 1 Jahr lang warten, bis mal was geschieht? Da brauch' ich kein BEM. Das sieht doch ein Blinder. Walter braucht eine richtige Kur und zwar sofort!*

Walter: *Du hast ja recht, Gerti. Das tät mir gut. Aber jetzt läuft halt das BEM und da muss ich durch, ob's was bringt oder nicht.*

Gerti: *So bist du immer! Immer nachgeben. Ins Klo fliehen, statt auf den Tisch hauen. Bald 1 Jahr lang geht das so und niemand hat's interessiert. Und jetzt macht man ein Riesen-Tamtam. So geht man in diesem Laden mit Mitarbeitern um!*

Berater: *Frau Funk, Sie haben die Krankheit Ihres Mannes jetzt 1 Jahr lang mitbekommen und sich immer mehr Sorgen gemacht. Das kann ich gut verstehen. Ich versteh auch, dass Sie wütend sind, dass sich hier so lange niemand um Walters Gesundheit gekümmert hat. Das BEM kommt spät, aber immerhin gibt es ein Gesetz, das dafür sorgt, dass man was tun muss und zwar richtig. Ob Walter die Kur, die Sie ihm wünschen, verschrieben kriegt, hängt allerdings nicht von uns ab, das müssen Ärzte entscheiden.*

Zu Walter gewandt: *Aber wahrscheinlich wird man sich auch Gedanken machen, wie man deinen Arbeitsplatz, ich denke da vor allem an den Bildschirm, so einrichten kann, dass die schrecklichen Migräneattacken abnehmen. Und da gibt's sicher auch noch andere Ideen.*

Walter: *Ich sag's ja immer, das Großraumbüro macht unsere Nerven kaputt. Da bin ich nicht der Einzige, der das sagt. Und für Migränekranke ist das die Hölle. Aber was wir sagen, geht ja denen zum einen Ohr rein und zum andern raus.*

Berater: *Dieses BEM ist zwar nur für dich, aber wenn das Problem auch andere betrifft, werden vielleicht auch sie von Deinem Fall profitieren.*

Walter (ironisch): *Jaja, einer muss ja immer den Vorreiter machen und seinen Kopf hinhalten ...*

Dieser Szenenausschnitt soll illustrieren, was unter moderierender Beratung zu verstehen ist. Thematisches Herzstück der Szene ist die wertschätzende, aber nicht bewertende Wiedergabe der Statements von Walter und seiner Frau. Moderatorisches Ziel: den inhaltlichen Beitrag aufzunehmen und die dritte Person in das Gespräch zu integrieren. Der Berater fürchtet sich nicht vor dem verständlichen Vorwurf von Walters Frau an die Adresse des Betriebs.

Er macht weder den Fehler, das Versäumnis zu rechtfertigen oder zu entschuldigen, noch den anderen Fehler, auf den Zug aufzuspringen eine und ihren Vorwurf an die Adresse des Betriebs als Steilvorlage für eigene BR-Polemik zu nehmen. So würde das Gespräch schnell eine problematische Wendung nehmen, die mit der Beraterrolle im

BEM nicht vereinbar wäre. Dies könnte im BEM-Team, das auf dem Gedanken der vertrauensvollen Kooperation zwischen AG und BR basiert, schnell auf eine unproduktive Konfliktbahn führen. Weder würde das dem Klienten nützen noch wäre es für das Arbeitsklima im BEM-Team förderlich.

Auch die Ausweitung Walters Kritik auf die ganze Abteilung des Großraumbüros macht Sinn und hat ihre Berechtigung. Deshalb kann sie gut vom Berater angenommen werden, ohne aus seiner neutralen Moderation zu kippen. Er versäumt aber nicht, deutlich zu machen, dass der Fokus dieses BEM-Verfahrens allein auf Walters Situation gerichtet ist.

Keine Angst vor Aggression!

Mit diesem kleinen Beispiel will ich zeigen, dass man als BEM-Berater/-Begleiter keine Angst vor dem „Dritten“ haben muss. Gewiss, mit Aggressionen muss man rechnen. Sie können berechtigt sein, sie können auch übers Ziel hinausschießen. Die Kunst der Moderation ist, den Inhalt, von der Aggression „gereinigt“ (oder in einem anderen Bild: den Kochtopf mit der garen Speise von der Kochplatte genommen), aufzunehmen und wiederzugeben. Das heißt: zulassen, nicht bewerten, nicht disqualifizieren! Den *sachlichen* Kern „herausschälen“ und diesem Kern Legitimation, Akzeptanz und Anerkennung offen zuerkennen. Diesen Inhalt, die sachliche Kritik, „spiegeln“, sodass der Kritiker spürt, dass der Kern seines Anliegens verstanden und angenommen wurde.

Und was ist mit der „Schale“ der Aggression? Ignorieren? Signalisieren, dass die Sache zwar ganz akzeptabel sei, aber nicht die Person und die Art, wie sie ihre Kritik äußert? Ihre Emotion, also die Person, verdient ebenso wahrgenommen und respektiert zu werden wie die Sache: *„Ich kann gut verstehen, dass Sie sehr wütend/frustriert/deprimiert / am Ende Ihrer Geduld /... sind.* Oder: *Ich sehe, dass Sie ... Wenn ich mich in Ihre Lage versetze, kann ich Ihre ... sehr gut nachvollziehen.“* Punkt. Kein Aber! Das Aber wertet ab, relativiert die Gefühle und damit die Person. Es bedeutet: „..., *aber Sie haben nicht recht! Ich weiß es besser. Ich kann es Ihnen erklären.“* Rechtfertigung – Widerrede – Gegenrede ... So verliert sich schnell das Ziel des Gesprächs im Strudel der Worte und Widerworte.

Moderierende Beratung nenne ich diese interessante Doppelfunktion im BEM. Ihr Ziel ist, die Vertrauensperson, jenen Dritten im Bunde, als vollwertigen Gesprächspartner einzubeziehen und ihm die Chance zu geben, konstruktiv durch Informationen aus seinem, einem etwas anderen Blickwinkel auf der Suche nach dem Pfad zur bestmöglichen Lösung beizutragen.

Verpflichtung der Vertrauensperson zum Datenschutz

Datenschutz und Verschwiegenheit aller am Verfahren Beteiligten sind, wie schon erwähnt, ein zentrales Thema im BEM und eine Grundvoraussetzung für Vertrauen. Ideal wäre, die Vertrauensperson könnte schon beim Erst- oder Infogespräch dabei sein, um, ebenso wie der Klient selbst, sich mit diesem wichtigen Thema zu befassen. Schließlich geht es beim Datenschutz nicht nur um die rechtliche Absicherung der *betrieblichen* Akteure im BEM, sondern um den generellen Schutz der sensiblen, sehr persönlichen Daten des Klienten. Der Anwalt in der Funktion der Vertrauensperson muss dem Arbeitgeber bzw. dem BEM-Beauftragten eine Vollmacht des Klienten vorlegen. Ärzte sind ebenso von Berufs wegen zu Verschwiegenheit und Datenschutz verpflichtet, Vertrauenspersonen ohne professionelle Beratungsfunktion nicht. Sie sollten in angemessener Weise auf diesen Aspekt ihrer Rolle hingewiesen werden.

Vorschlag: In der Einweisung, möglichst zusammen mit dem Klienten im Erstgespräch, erhalten beide Kenntnis über Zweck und Verfahren des BEM sowie über die Schutzregeln im Umgang mit den darin ausgetauschten Daten und Informationen.[38] Diese Unterrichtung wäre, analog zur Bestätigung des Klienten, auch von der Vertrauensperson durch Unterschrift zu bestätigen.

---

[38] Schon allein aus diesem Grunde halte ich es für erforderlich, dass bereits in den BEM-Anschreiben des Arbeitgebers die BEM-Berechtigten auf ihren Rechtsanspruch, eine Vertrauensperson eigener Wahl hinzuzuziehen, hingewiesen werden. Ältere Versionen der Anschreiben müssten daher aktualisiert werden. In meinem Entwurf eines Einladungsschreibens zum BEM habe ich diese Neuerung berücksichtigt (s. S. 49). Vgl. RA S. Steinle: „*Für den Arbeitgeber besteht nun die Pflicht, den Betroffenen auf die Möglichkeit der Hinzuziehung einer Vertrauensperson im Rahmen eines Einladungsschreibens zum BEM-Gespräch hinzuweisen. Unterlässt der Arbeitgeber den Hinweis, ist das Einladungsschreiben unzureichend. Im BEM-Verfahren muss der Arbeitgeber die hinzugezogene Vertrauensperson umfänglich beteiligen. Hierzu gehört auch die Aushändigung aller im Verfahren vorhandenen Unterlagen.*“ (in: www.lutzabel.com/artikel/20210825-betriebliches-eingliederungsmanagement-bem-ab-jetzt-mit-vertrauensperson-moeglich).

Der „depressive“ Klient[39]

Das BEM – für den Klienten eine ungewohnte Situation

Für Klienten ist die Situation, in die sie das BEM bringt, ungewohnt. Viele kennen das Krankenrückkehrgespräch (KRG). Sie kennen ihren Vorgesetzten, der sie nach ihrer Rückkehr an den Arbeitsplatz zum Gespräch bittet. Sie haben gelernt, mit dieser Situation, ob sie sie als angenehm oder unangenehm empfinden, umzugehen. Mit dieser Vorerfahrung gehen sie in das erste BEM-Gespräch, nachdem sie die schriftliche Einladung des AG erhalten haben. Irgendwie scheint ihnen das BEM „höher aufgehängt“ zu sein als das KRG. Aus der offiziellen Informationsveranstaltung zum BEM ist nur in Erinnerung geblieben, dass man die Fehlzeiten reduzieren möchte durch sogenannte geeignete Maßnahmen am Arbeitsplatz. Und auch, dass man auf diese Weise krankheitsbedingte Kündigungen vermeiden wolle. Das Ganze geht vom Arbeitgeber aus, also von oberster Stelle. Hört sich beunruhigend an ...

Klienten reagieren auf neue, ungewohnte Situationen gemäß ihrem „Naturell“, richtiger: gemäß ihrer aktuellen psychischen Verfassung. Diese wird nicht nur von der Persönlichkeit konstituiert, sondern in sie fließen auch Faktoren ein aus dem Umfeld (vor allem Arbeit, Familie) und – nicht zu vergessen – die Wahrnehmung der eigenen physisch-psychischen Befindlichkeit, wozu Gesundheit/Krankheit und Alter gehören. Diese Gemengelage wirkt sich auf das Verhalten aus, umso mehr, je stressiger eine Situation erlebt wird.

Keine Diagnose: „deprimiert“ statt „depressiv“!

Eine Verhaltensbild, das von Beratern als besonders schwierig eingestuft wird, bieten Menschen, denen alles über den Kopf wächst. Sie wirken mutlos, abwehrend, verschlossen, passiv – Merkmale, die wir laiendiagnostisch schnell unter „depressiv“ subsumieren. Da der Laienberater keine Diagnosen stellt, zieht er es stattdessen vor, sol-

39 Im Rahmen dieser Arbeit kann das Thema „Depression“ ebenso wenig erschöpfend behandelt werden wie andere psychische Erkrankungen. Ich möchte es dennoch hier zur Sprache bringen, da es in der Beratungspraxis sowohl häufig als auch als besonders schwierig erlebt wird. Ich werde mich dabei auf das Phänomen der sog. „Depressiven Verstimmung“ beschränken. Menschen mit der psychiatrischen Diagnose „Depression“ gehören ohnehin nicht in die Hände von Laienberatern. Solche Fälle im BEM sind möglichst schnell in die Verantwortung des Betriebsarztes zu geben.

che Personen als „deprimiert“, resigniert, antriebslos zu beschreiben, auch wenn die Eigendiagnose „Depression“ oder „Burnout“ lautet.

Es ist generell davor zu warnen, Selbstdiagnosen von Klienten zu übernehmen. Man bestätigt und verfestigt ihre negative Selbstetikettierung und legitimiert auf diese Weise ihre Verhaltenslogik: *„Weil ich depressiv bin*, sehe ich alles schwarz und habe nicht die Kraft, meine Lage und meinen Zustand zu verändern.“ Solange keine medizinische Diagnose einer Depression vorliegt, könnte mit gleichem Recht die Kausalkette umkehrt lauten: „Weil ich alles schwarz sehe und nicht die Kraft habe, meine Lage und meinen Zustand zu verändern, *fühle ich mich depressiv.“* Es geht in der Beratung nicht darum, die Selbstdiagnose des Klienten in Frage zu stellen, sondern sie sich nicht anzueignen; die Befindlichkeit ganz ernst zu nehmen, aber daraus keine (für ihn) unprüfbaren Schlüsse zu ziehen, selbst wenn der Klient sie einem nahelegt.

Bei Menschen, die antriebsgeschwächt sind, ist das Beratungsziel zu modifizieren. Es geht zunächst nicht um Veränderung und „geeignete Maßnahmen am Arbeitsplatz“, sondern um Verringerung des Drucks, der auf der Person lastet.

Die Aufgabe des Beraters: sich mit viel Geduld und Empathie die Leidensgeschichte des Klienten, so wie er sie erlebt hat und noch erlebt, anhören, ja, sich in sie hineinfragen, zum einen, um sie in ihrer *subjektiven* Wirklichkeit (d. h. wie sie „wirkt“) zu verstehen, und zum anderen, um den Stöpsel zu ziehen und den Überdruck abfließen zu lassen. Diese beraterische Haltung ersetzt nicht die (fach-)ärztliche Hilfe, aber sie kann eine wichtige Vorarbeit leisten: den Weg in eine psychiatrische oder psychotherapeutische Praxis zu ebnen.

Nehmen wir einen fiktiven Fall: Herrn Frank Finster wird das BEM angeboten.

Der Fall „Frank Finster"

Was der Berater vor dem ersten Fallgespräch über Herrn Finster weiß:

> Frank Finster,
>
> 55 Jahre, seit 18 Jahren im Betrieb, eine GmbH, die vor 4 Jahren von der Holding XY AG übernommen wurde. Er arbeitet im Einkauf. Er hat seit Jahren Rückenprobleme. Vor 2 Jahren bekam er einen neuen Stuhl und einen höhenverstellbaren Tisch. Das half einige Zeit, doch im letzten Jahr wurden die Beschwerden wieder schlimmer und er fällt häufig aus.
>
> Da er und noch eine Kollegin die einzigen im Einkauf sind, die in Vollzeit arbeiten, waren es vor allem die Kolleginnen in Teilzeit, die seit Langem die Engpässe, die durch Finsters Fehlen entstanden, mit Überstunden kompensiert haben. Da aber die Fehlzeiten nicht weniger wurden und sich sein Zustand eher verschlechtert, fordern sie vom Chef eine personelle Entscheidung.
>
> Der Chef hat bisher solches Ansinnen abgewiesen, da ohnehin bald der gesamte Einkauf der GmbH in die Zentrale der Holding verlagert werden soll. Deshalb wurde von oben für den Einkauf ein strikter Einstellungsstopp verfügt.

Nach einem angenehmen und lockeren Einstieg ins Gespräch (mit Tee) kommt man bald zum eigentlichen Thema. Ausführlich schildert Herr Finster sein gesundheitliches Problem und die bisherigen Behandlungen. Man hat Gleitwirbel in der Lendenwirbelsäule diagnostiziert und drei Lendenwirbel mussten versteift werden. Die Beschwerden haben sich kaum verbessert, sie haben sich nur verlagert. Für seine Zukunft sieht er keine Chancen mehr. Angesichts dieser trüben Aussichten und der anstehenden Umorganisation seines Arbeitsbereichs könne er sich auch keine Maßnahmen vorstellen, die ihm helfen könnten. Dazu komme, dass er für einen beruflichen Neuanfang zu alt sei, sich aber für einen vorzeitigen Ruhestand noch zu jung fühle. Er liebe seine Arbeit und fürchte, wenn er sie verlöre, den Verlust von Lebensqualität und Lebenssinn.

Herr Finster macht seinem Namen alle Ehre. Er hat resigniert, es geht ihm nicht gut. Eine frühere Maßnahme, die sein Rückenleiden lindern sollte, hatte nur kurzfristig gewirkt, inzwischen hat sich der Zustand weiter verschlechtert. Die aktuelle Diagnose ist diesbezüglich nicht ermutigend. Der Berater ist sowohl von der Schwere des Leidens von Herrn Finster betroffen als auch von seiner depressiven Ausstrahlung.

Zu guter Letzt lässt er sich das Problem delegieren ohne nennenswerte Beteiligung des Klienten, der nicht mehr an eine wirkliche Lösung für sein Problem glauben kann.

Die Angst vor Gefühlen

Begleiten statt fliehen

Auf den Berater macht Herr Finster den Eindruck eines deprimierten Menschen, der sich aufgegeben hat. Allein, als er auf seine Arbeit zu sprechen kommt, hellt sich seine Stimmung etwas auf. Er liebe seine Arbeit und fühle sich noch zu jung, um schon als Frührentner zu Hause zu sitzen. Der Berater lässt sich geduldig auf seine Schilderungen ein. Er hört aktiv zu, fasst auch gelegentlich Abschnitte des Gehörten zusammen, verzichtet auf Wertungen. Er vermeidet jedoch, dem Gesprächspartner die Wahrnehmung seines seelischen Tiefs zu spiegeln. Er hat Angst, ihn noch weiter in die „Depression" hineinzutreiben. Daher versucht er, leider vergeblich, den Klienten positiv und optimistisch zu stimmen. Er weicht aus auf sicheres, vertrautes Gelände: die Lösungsebene (Sachebene). So muss er sich nicht auf der emotionalen Ebene mit der unangenehmen, resignativen Gefühlslage befassen. Doch genau dies wäre nötig: das (durchaus nachvollziehbare) Gefühl der Aussichtslosigkeit anzusprechen und anzuerkennen, den Klienten *auch emotional* da abzuholen, wo er sich befindet: allein in *(s)einem* Loch, ihn „unterzuhaken" und in „Arm-in-Arm"-Begleitung in seinem „Gehtempo" aus dem Tief herauszuführen. Diese Begleitung in engem Kontakt ist erfolgsversprechender, als oben zu stehen und dem Klienten unten im Loch zuzurufen, er solle doch hochkommen. Genau dazu hat er selbst weder die Kraft noch die Leiter, aber genau dieses behutsame, begleitende Herausführen ist die erste Aufgabe des Beraters.

Was hätte der Berater sagen können? Ein fiktiver Dialog

Berater: *„Ja, das kann ich gut verstehen, dass Sie in* d e r *Lage nur noch schwarz sehen. Ich glaube, das ginge mir nicht anders. Und wenn man schwarz sieht, hat man auch keinen Mut mehr, noch an irgendwelche Chancen zu glauben. Also sucht man danach auch gar nicht. Ich denke, dass es Ihnen schon eine ganze Weile so geht?"*

Klient: *„Ja, genau, so geht's mir. Ich habe oft morgens keine Lust, überhaupt aufzustehen. Wozu auch? ... und trotz Schmerzen zur Arbeit zu gehen, wenn ich genauso auch zu Hause bleiben könnte?"*

Berater: *„Aber dann rappeln Sie sich doch auf und gehen trotz Schmerzen zur Arbeit?"*

Klient: *„Ja, dann hab' ich wenigstens ein bisschen Ablenkung und Kollegen um mich, die mich auf andere Gedanken bringen. Man braucht mich ja doch auch immer noch, weil ich viele unserer Geschäftspartner gut kenne und weiß, wie man mit ihnen verhandeln muss. Da bin ich immer noch manchem Jüngeren in unserm Laden voraus."*

Berater: *„Tja, und so was baut auf und hält Sie über Wasser. Und für Ihre Kollegen und Kolleginnen sind Sie doch sehr wichtig, auch wenn Sie öfters mal fehlen. Ich denke, sie wissen um Ihre gesundheitliche Situation, oder?"*

Klient: *„Natürlich. Ich habe denen das schon gesagt. Sie müssen ja auch wissen, woran sie mit mir sind."*

Berater: *„Mir scheint, Ihre Kollegen und Kolleginnen haben sich gut auf die Situation eingestellt und mit ihrer Forderung nach personeller Entlastung denken sie nicht nur an sich wegen der Überstunden, sondern auch an Sie, Herr Finster – dass Sie, wenn Sie krank sind, nicht jedes Mal ein schlechtes Gewissen haben oder sich zur Arbeit quälen müssen. Oder sehe ich das falsch?"*

Klient: *„Ja, wenn Sie das so sagen ..., kann schon sein ... – Einer hat mal zu mir gesagt: ‚Mensch, Frank, bleib doch daheim! Mach dich doch hier nicht kaputt! Der Betriebsrat muss halt mal richtig Druck machen, damit da was passiert und endlich jemand eingestellt wird.' ‚Machen die aber nicht, weil sie ja bald den Laden hier auflösen wollen', sag ich. ‚Ach', sagt er, ‚das kann noch lange dauern. Es steht eh noch kein Termin fest. So was kann Jahre dauern, ich kenn' das, ist doch überall das Gleiche. So lange können wir hier nicht warten und immer so weiter machen wie bisher. Da muss Druck rein ins Management, verstehst du?'"*

Berater: *„Vielleicht hat der Kollege gar nicht so unrecht. Diese Idee müsste auf jeden Fall ernsthaft geprüft werden. Meinen Sie nicht auch?"*

...

Den Keim der Hoffnung entdecken

Frank Finsters Fall, ein kleines Beispiel dafür, was ich unter Begleiten verstehe: Immer nah am Text des Klienten bleiben und aufgreifen kann, was von ihm kommt (wie „Arm-in-Arm-Gehen"). Alles Mitgeteilte hat eine Sachinformation, eine emotionale und eine Beziehungsinformation. Und der Berater kann auf den drei „Klaviaturen" spielen, je nachdem welche der drei ihm im Moment den besseren Sound liefert.

Im ersten Teil des fingierten Dialogs spielt er auf der emotionalen Klaviatur. Er spiegelt Frank Finsters Gefühl der Hoffnungslosigkeit. Mit der anschließenden Frage spielt er ihm den Ball zu, um ihm die *Möglichkeit* zu geben, seine innere Situation noch weiter offenzulegen. Frank greift sie gerne auf und spricht von der Entscheidungssituation am Morgen. Der Berater spiegelt ihm seine Achtung, dass er sogar trotz Schmerzen zur Arbeit gehe. (Von Spiegeln kann man hier deshalb sprechen, weil der Klient ja selber stolz auf seine Diensteinstellung ist. Durch die Spiegelung wird er in seiner positiven Haltung bestätigt und gestärkt.) Das lenkt seinen Blick auf die Situation im Team, die menschlich tragend zu sein scheint und ihm seinen Selbstwert erhält. (Die Beziehungsklaviatur kommt ins Spiel.) Diesem Hoffnungsschimmer gilt es zu folgen. Unversehens tut sich ein erster Weg zu einer Lösung durch Wechsel auf die Sachebene auf. Der Berater registriert diese erste konkrete Lösungsidee. Auch wenn man sich freut, dass sie vom Klienten selber kommt, bleibt für den Berater die eiserne Regel bestehen: Keine vorschnelle Wertung, kein Versprechen, dass dies die wirkliche Lösung sei. „*... prüfen*" – ja; ein *„Super! Okay, das kriegen wir hin!"* – nein! Der Sound, auf der Sachklaviatur gespielt, klingt eben eine Spur kühler ...

Gefühle wahrnehmen und „anerkennen“

Berater möchte ich ermutigen, ihre Nähe zum Klienten auch hörbar zum Ausdruck zu bringen. Keine Angst vor resignativen und depressiven oder aggressiven Stimmungen! Einfach die eigenen menschlichen Reaktionen des Mitgefühls zulassen, wenn es dem anderen schlecht geht. Nicht werten, nicht widersprechen, aggressiv-ausfallende Äußerungen nicht tadeln! Mit dem ersten Schritt ins BEM hat der Klient ja signalisiert, dass er willens ist, sich helfen zu lassen. Aber zu allererst braucht er das Erkennen und Anerkennen seines emotionalen Zustands – ob unmittelbar in der Gesprächssituation oder von Gefühlszuständen, über die er berichtet (z. B. von Ärger über Ärzte, Klinik, mit seinem Vorgesetzten oder Kollegen). Solange der Berater ihm dieses Anerkennen verweigert, weil er vor den dunklen oder harten Gefühlen des Klienten auf die Sachebene flüchtet, wird dieser sich schwertun, sich zu jenem selbstbewussten „Herrn des Verfahrens“ zu entwickeln und selbstverantwortlich seinen aktiven Part bei der Lösungssuche und der Umsetzung der Lösungsentscheidung zu spielen.

Wer einen anderen aus seinem Tief herausholen will,
muss ihn zuerst dort aufsuchen.

Der Klient in seelischer Krise bei Beginn der BEM-Gespräche

BEM-Berater müssen damit rechnen, dass sie es mit Menschen zu tun bekommen, die aufgrund schwerer Erkrankungen oder Unfälle die BEM-Berechtigung erworben haben. Nicht selten werden sie sich Menschen gegenüber sehen, deren Schicksalsschläge noch nicht lange zurückliegen. Die Betroffenen können folglich noch mitten in einem schwierigen und krisenhaften Verarbeitungsprozess stehen, insbesondere wenn es um Erkrankungen geht, die auf lange Sicht oder auf Dauer zu einer gesundheitlichen Beeinträchtigung und zu einer Veränderung ihrer Lebensweise führen werden.

Die Bereitschaft, ich könnte auch sagen: die Fähigkeit, sich auf das BEM-Verfahren einzulassen und sich aktiv daran zu beteiligen, hängt von mehreren Faktoren ab, vor allem

- vom Selbstbild des Betroffenen und seinen Erfahrungen mit Leiden und Schicksalsschlägen, den persönlichen wie auch solchen nahestehender Angehöriger
- von seiner seelischen Widerstandskraft (Resilienz)
- von der medizinischen Prognose
- von seinem sozialen, vor allem familiären, aber auch beruflichen Umfeld und wie viel an Unterstützung er daraus erwarten kann
- vom Standort des Betroffenen im Prozess der Krisenverarbeitung.

Unfall und Krankheit als Auslöser seelischer Krisen

Schwerbehindertenvertrauenspersonen wissen aus Erfahrung – viele auch aus der Erfahrung der eigenen Behinderung – wie schwer es Menschen fällt, niederschmetternde Diagnosen wie Krebs, schwere Niereninsuffizienz, Herzleiden, unheilbare chronische Erkrankung wie Parkinson, um nur einige zu nennen, anzunehmen und ihre weitere Lebensweise darauf umstellen zu müssen.

Wir alle wissen auch, wie unterschiedlich Menschen mit Schicksalsschlägen umgehen. Und wie lange es dauern kann, bis ein Betroffener sich dazu durchringt, sein Schicksal anzunehmen und sich rational mit der sich ihm stellenden Situation und den Möglichkeiten, die sich ihm bieten, auseinanderzusetzen. Beratung kann in solchen Krisen hilfreich sein, wenn der Berater erkennt, wo im Krisenprozess sich der Klient befindet. Solange der Betroffene noch gar nicht bereit ist, seine Beeinträchtigung anzunehmen und noch ganz damit beschäftigt ist, sich beispielsweise mit der Schuldfrage („Inkompetenz der Ärzte") zu befassen, macht es wenig Sinn, über geeignete Anpassungen seines Arbeitsplatzes zu diskutieren.

Es gibt diverse Modelle, um den Verlauf von schicksalhaften Krisen zu beschreiben. Sie alle gehen davon aus, dass das Eintreten des die Krise auslösenden Ereignisses, z. B. die Mitteilung der Diagnose einer unheilbaren Erkrankung, zunächst in eine Phase seelischer Instabilität führt. Je nach Persönlichkeit reagiert der Betroffene mit Angst, Fremd- und Selbstvorwürfen, Verdrängen, Wut, Resignation, Depression, bis er sich ins Unvermeidliche fügt, seine neuen Befindlichkeit annimmt und in sein Selbstbild integriert. Erst dieser Schritt öffnet den Blick für die Chancen, die sich ihm unter den veränderten gesundheitlichen Bedingungen für eine befriedigende Lebensführung bieten. Er nimmt sein Leben wieder in die Hand und gestaltet es mit neuem Selbstbewusstsein und Selbstvertrauen auf der Basis einer Neubestimmung seines Selbstwertes. Dieser Standort markiert den Wendepunkt im Krisenprozess. Der Betroffene wird offen für die Frage der Anpassung seines Arbeitsplatzes und seiner Arbeitsbedingungen, ggf. auch seines Arbeitsverhältnisses. Er kann Unterstützung annehmen und fordert seine Rechte ein.

Wie leicht wäre Beratung im BEM, könnte man warten, bis der BEM-Berechtigte seine Krise bis zu jenem Wendepunkt „bewältigt" hätte, an dem er für rationale Problemlösungen zugänglich würde! Dem steht die Vorstellung des Gesetzgebers entgegen, dass das BEM möglichst zeitnah nach Erfüllung des 6-AU-Wochen-Kriteriums anzubieten sei. Die individuelle psychische Krisenbewältigung wird sich kaum danach richten. Also obliegt es dem BEM-Berater, sich darauf einzustellen.

Was heißt das konkret? Das Erstgespräch wird in Fällen krankheitsbedingter Schicksalsschläge kaum geeignet sein, bereits betriebliche Lösungsansätze für eine dem gesundheitlichen Status angemessene Wiedereingliederung zu erarbeiten. Das „Anamnese"-Gespräch wird dem Berater einen Eindruck vermitteln, in welcher psychischen Verfassung sich der Klient befindet. Bei gravierenden Diagnosen sollte man sich nicht blenden lassen von einer überraschenden Gefasstheit und einem souveränen Über-den-Dingen-Stehen, die in krassem Widerspruch zur Härte der Diagnose stehen. Der Klient rettet sich auf die Sachebene und spricht von sich wie von einem Fremden oder von einem Objekt. Diese pseudorationalen Reaktionsmuster *können* genauso Krisensymptome sein wie die eher erwartete Niedergeschlagenheit und Verzweiflung.

Mit nicht-direktiver Gesprächsführung sich von der Krise ein differenziertes Bild machen

Welches psychische Bild die Person des Klienten vor dem Hintergrund der gesundheitlichen Situation dem Berater auch immer präsentiert,[40] die Instrumente der nicht-direktiven Gesprächsführung: Aktives Zuhören, Spiegeln, Nach-Fragen, Zusammenfassen, helfen dem Berater, dieses Bild zu differenzieren. Nicht zu „hinterfragen" im Sinne der kritischen Überprüfung der Selbstdarstellung! Dies steht dem Berater nicht zu. „Das Bild *differenzieren*" will sagen, die Haltung des Klienten zu seiner Krankheitsgeschichte und zu sich selbst besser zu verstehen. Da kann er seinem Erstaunen auf völlig authentische Weise Ausdruck verleihen: *„Ich staune, wie gefasst und locker Sie mit dieser Diagnose umgehen können. War das denn gleich von Anfang an so?"* Die Antwort auf die Frage, die an die Spiegelrückmeldung: „Ich staune ...", anschließt, wird jenes aktuelle Bild, das der Klient dem Berater bietet, differenzieren. Der Klient wird berichten, dass er anfangs auch in ein tiefes Loch gefallen sei, dass aber glücklicherweise sein Arzt ihm die Hoffnung zurückgegeben und seine Frau in dieser Phase fest an seiner Seite gestanden habe. Der Berater kann nun diese Informationen über den Krisenprozess aktiv zuhörend und spiegelnd aufnehmen, um ihm – ohne Druck! – die Chance zu geben, ausführlicher darüber zu sprechen. Wir müssen immer mitreflektieren, dass wir uns im betrieblichen Milieu befinden, in dem es eher ungewöhnlich ist, sich über solche Erfahrungen und Gefühle in quasi dienstlichen Gesprächen auszulassen. Wenn wir diese kaum benutzte Türe öffnen, dann bleibt es dennoch dem Klienten anheimgestellt, ob er durch diese Türe geht oder nicht.

---

[40] Es könnte auch abhängig sein von der Rolle bzw. Position des Beraters in der betrieblichen Hierarchie. Wenn ein Personalreferent (Arbeitgebervertreter) dem Klienten im Erstgespräch gegenübersitzt, könnte der Klient, um seinen Arbeitsplatz nicht zu gefährden, bemüht sein, seine gesundheitliche Situation positiver darzustellen und sich optimistischer zu geben, als wenn ein Betriebsrat oder eine Schwerbehindertenvertrauensperson ihm gegenübersitzt.

Fünf Phasen der Überwindung von schicksalhaften Krisen

Unsere Überlegungen zum Verlauf von Krisen versuche ich, in folgendem 5-Phasen-Modell zu ordnen.

Phase	Beschreibung	Beispiele Arbeitsumfeld
1. „Erleiden"	Das die Krise auslösende Ereignis tritt ein.	Unfall, Krankheit, Diagnoseschock
2. „Reagieren"	Angst, Wut, Rat- und Hoffnungslosigkeit, illusionäres Hoffen, Fremd- und Selbstvorwürfe, Verdrängen („Flucht"), Aktivismus, Lethargie, Stimmungsschwankungen, Verlassenheitsgefühl, Selbstwertverlust, Depression	Starke Leistungsschwankungen, Teamkonflikt, Selbstüberforderung, Gefühl der Benachteiligung oder ungerechter Behandlung, Überempfindlichkeit, Missverständnisse
3. „Akzeptieren"	Neue Sicht auf die Realität, Versuch, die Sinnfrage positiv zu beantworten, Annehmen der krankheitsbedingten neuen Situation, Integration der Krankheit ins Selbstbild	Realistische Einschätzung der Leistungsfähigkeit, Stabilisierung der Leistung, offen zur Krankheit/Behinderung stehen, ausgeglichenes Verhalten
4. „Rehabilitieren"	Neue Möglichkeiten entdecken und wahrnehmen, das „neue Leben" gemäß den veränderten Bedürfnissen gestalten und optimieren, Selbstwertgefühl formiert sich neu	Erwartungen artikulieren können, Rechte in Anspruch nehmen, auf Optimierung des AP und der Arbeitsbedingungen hinwirken
5. „Normalisieren"	Das „neue Leben" gewinnt Normalität – für den Klienten und für das soziale Umfeld, der Vergleich des Jetzt zu Vorher verliert an Bedeutung	Die neue Situation am Arbeitsplatz wird von allen Beteiligten als normal erfahren

Abb. 5: Fünf Phasen der Überwindung von Krisen

Realistischerweise ist davon auszugehen, dass der Einsatz der BEM-Beratung in die Phasen 2–4 fällt. Sicher ist der Beginn der Beratung, wenn sie in die Phase 2 fällt, am schwierigsten. In dieser Phase ist der Klient noch überwiegend mit sich selbst beschäftigt und tief verunsichert durch das Trauma des Verlusts seiner Gesundheit, der sein Leben nachhaltig verändert. Hier ist er innerlich noch nicht bereit, sich konstruktiv auf eine nachhaltige Veränderung seiner Lebens- und Arbeitssituation einzulassen. Statusverlust (z. B. durch Arbeitsplatzwechsel), Verdiensteinbußen (Wegfall von Zuschlägen), krankheitsbedingte Veränderung des sozialen Umfelds (Team) sind nicht auszuschließen und die Bereitschaft, diese Nachteile in Kauf zu nehmen, ist noch nicht vorhanden. Ja, vielmehr ist mit Misstrauen und Abwehr zu rechnen.

Solange die Akzeptanz der neuen gesundheitlichen Situation fehlt (in Phase 1 und 2), fehlt sie auch bei der Bemühung, realitätsgemäße Lösungen für die Probleme des Arbeitsplatzes bzw. des Beschäftigungsverhältnisses gemeinsam mit dem Klienten zu erarbeiten. Vielleicht kann der Betriebsarzt durch seine Kompetenz und (externe) Autorität den Schritt zur Akzeptanz erleichtern. Der BEM-Berater sollte jedenfalls vermeiden, den Schritt zur Problemlösung erzwingen zu wollen. Er riskiert damit das Scheitern des BEM-Prozesses, wenn nicht durch abrupten Abbruch des Verfahrens, so durch schleichenden Misserfolg der „vereinbarten" Maßnahmen. Der Klient trägt sie nicht aus Überzeugung mit und sieht sich dadurch auch nicht in der Verantwortung, sie zum Erfolg zu bringen. Ein typischer Fall von „Delegationsfalle"[41], in die Berater tappen, die um des (raschen) Erfolgs willen dem Klienten die Verantwortung für sein Problem und dessen Lösung abnehmen und ihm hinterher übelnehmen, dass ihr Helferaktivismus nicht zum gewünschten Ziel führte.

Trifft die Beratung auf den Klienten in der Phase 2, verlängert sich der Beratungsprozess um den entscheidenden Schritt von Phase 2 zu Phase 3, von der Reaktion auf die traumatische Erfahrung des Gesundheitsverlusts zur Akzeptanz eines Lebens mit gesundheitlichen Einschränkungen. Wie auch immer diese Phase des Reagierens sich von Mensch zu Mensch verschieden darstellt, das angemessene Verhalten des Beraters lässt sich am besten als „begleitendes Führen" beschreiben. Nur in dieser verantwortungsbewussten Nähe-Haltung, die sich ganz dem seelischen und gedanklichen Bewegungstempo

[41] Zur „Delegationsfalle" ausführlich in P. Waltner, Kollegen und Mitarbeiter professionell beraten, S. 25–27

des Klienten anpasst, geht das Vertrauen, das der Berater in die Entwicklungsfähigkeit des Klienten setzt, auf diesen über und stärkt sein Selbstvertrauen. Ohne Selbstvertrauen ist der Schritt in jene Phase 3, die innere Akzeptanz der (leistungs-)gewandelten Situation, die den Wendepunkt der Krise markiert, schwerlich zu erreichen. Und ohne Selbstvertrauen und Selbstverantwortungsbewusstsein des Klienten stehen Maßnahmen zur Sicherung des Arbeitsplatzes oder gar des Beschäftigungsverhältnisses mit unvermeidlichen „Risiken und Nebenwirkungen" unter einem schlechten Stern.

Hilfe für den Berater: Gib dem Gespräch eine Struktur!

Eine Hilfe ist es für Berater und Klient, wenn der Berater die detaillierte Schilderung des Problems, des aktuellen Zustands und wie es sich dahin entwickelt hatte, abschließt mit

- einer sortierenden Zusammenfassung der Sachlage, wie sie der Darstellung des Klienten zu entnehmen ist, darin
- die Problemaspekte benennt (z. B. prekärer Gesundheitsstatus samt ungewisser Erfolgsaussicht der anstehenden Operation, geplante Auflösung der Abteilung ohne Aussicht auf personelle Entlastung, Wunsch nach Erhalt des Arbeitsplatzes und Angst vor Sinnverlust nach Arbeitsplatzverlust in fortgeschrittenem Alter).
- Nicht fehlen darf eine einfühlsame Würdigung seiner Resignation und Hoffnungslosigkeit angesichts dieses Problemdrucks (nicht nur an die Sachebene denken, sondern auch die emotionale Seite wahrnehmen!),
- ohne noch so zarte Anzeichen von Zuversicht, Veränderungsbereitschaft und Selbstvertrauen zu ignorieren, bevor man
- die Problemaspekte, wie sie sich im Moment darstellen, anspricht und mit
- der Frage an den Klienten abschließt, ob damit alle wesentlichen Punkte benannt seien oder ob noch etwas fehle bzw. was er noch ergänzen möchte.

Danach stellt der Berater die *Weiche in Richtung Problemlösung* mit der Frage, ob er, Klient, schon irgendwelche Ideen habe, was ihm helfen und seine Situation auch nur ein wenig verbessern könnte. Diese Ideen müssten sich nicht auf die rein betrieblichen Möglichkeiten beschränken *(„Wir wollen alle Optionen einbeziehen.“)*. Falls er erkennt, dass der Klient noch zu sehr in der Resignation steckt, kann der Berater durchaus mit einer eigenen Idee starten (bitte immer im Konjunktiv: *„könnte man“!)*

So ließe sich gemeinsam herausfinden:

- ob die Schmerzen während der Arbeitszeit schlimmer sind als zu Hause (Option: Home Office),
- ob dem Klienten am Arbeitsplatz mehr Haltungswechsel oder Ruhepausen je nach Befinden angenehm wären und er so die Arbeitszeit besser durchstehen könnte (Option: freiere, leidensgerechte Arbeitszeitgestaltung),
- ob man die Arbeitszeit auf Teilzeit herunterfahren sollte,
- ob man mit betriebsärztlicher und integrationsfachdienstlicher Expertise den derzeitigen ergonomischen Status des Arbeitsplatzes neu überprüfen und ggf. an die aktuelle Diagnose (Gleitwirbel, Versteifung durch OP) anpassen könnte,
- ob nicht die Beantragung der Anerkennung auf Schwerbehinderung bzw. Gleichstellung eine weitere Option wäre, um den Arbeitsplatz zu sichern etc. und
- ob sich verschiedene Ansätze sinnvoll miteinander kombinieren ließen.

Ich bin sicher, bei solcher Beschäftigung mit dem Klein-Klein der Verbesserungsmöglichkeiten würde sich die Miene des Herrn Finster mehr und mehr aufhellen und er würde in die Ideenproduktion einsteigen. Bitte alle Ideen, auch unausgegorene und unrealistische sammeln, gleich auf ein Papier, besser noch auf einem Chart festhalten, damit keiner verlorengeht und man immer wieder darauf zurückgreifen und die Liste oder die „Mindmap“ fortschreiben kann. Besser als Blatt Papier und Chart sind Zettel oder Kärtchen. Jede Idee oder Gedankensplitter auf einen Zettel notieren und lesbar auf dem Tisch auslegen. Dann kann man gemeinsam die Ideen einzeln näher betrachten, solche, die ähnlich sind oder sich ergänzen, zu Clustern zusammenschieben ...

Herr Finster würde sich an einzelnen Vorschlägen festbeißen und Ansätze zu ihrer Konkretisierung liefern, vielleicht in Frageform. Ebenfalls notieren! Es gäbe Punkte, die von ihm selber eingebracht würden, andere würde er vielleicht verwerfen. Egal! Er wäre in die Ideenwerkstatt hineingeholt und es würde ihm nach anfänglichem Zögern sogar Spaß machen mitzu-„spielen". Regel: Alle Ideen werden zugelassen, auch wenn sie auf den ersten Blick noch so unrealistisch erscheinen, gemäß dem Motto: *„Geht-nicht gibt's nicht!"* Schließlich wird man die Ideen gemeinsam auf dem Tisch ordnen, priorisieren und kombinieren. Ein „Brainstorming" dieser Art wirkt produktiv nach und manchmal sogar Wunder!

Ein resigniertes Delegieren ist somit vom Tisch. Es wird nun gemeinsam überlegt,

- welche Vorschläge dem Klienten am besten *gefallen* (noch nicht: welche Vorschläge realistisch sind),
- welche die nächsten Schritte sein könnten und
- was er, der Klient, selber tun könnte und was dem Berater zu tun bliebe.

Kein Vorschlag wird verworfen, aber jene, die dem Klienten am meisten zusagen, werden vorrangig auf die Agenda gesetzt.

Beraten muss Spaß machen, muss anregend sein, kreativ – für beide: Klient und Berater! Diese Art der Beratung hat vieles gemeinsam mit der Methodik zielorientierter, aber ergebnisoffener Projektarbeit, in denen nicht nur Realitätssinn, sondern auch und davor Fantasie gefragt sind. Ein guter Berater ist gewiss empathisch, aber ebenso neugierig und ein kreativer Tüftler – vorzugsweise im „Teamwork": mit seinem Klienten. Erst danach stellt sich die Frage, was wie realisierbar ist. Und die zweite Frage, welche Konsequenzen für den Klienten, für sein betriebliches Umfeld und für den Arbeitgeber damit verbunden wären.

Im letzten Kapitel werden wir uns der Frage stellen, wie der Berater zu einem adäquaten Umgang mit seinen eigenen Gefühlen in der Beratung finden und seinem Bedürfnis nach Distanz gerecht werden kann.

Bin ich denn aus Stein? Wenn Emotionen zur Last werden ...

„Nicht, dass wir Gefühle haben, ist das Problem, sondern dass wir sie als störend empfinden, statt als hilfreich."

Das Bedürfnis des Beraters nach Distanz

Menschen in Schwierigkeiten beraten kann belastend sein. Wenn Empathie Nähe zum Klienten schafft, wird der Berater auch empfänglich für die belastenden Emotionen des Klienten. Oder ein Vorkommnis berührt ihn, vielleicht weil es eigene leidvolle Erfahrungen wachruft oder er sich mit dem Schicksal der betroffenen Person identifiziert. Er leidet mit und diese Befindlichkeit hält ihn auch noch über die Begegnung hinaus gefangen: *Wie kann ich mich daraus wieder befreien? Wie kann ich Nähe zulassen, ohne das Steuer aus der Hand zu verlieren?*

Genauso belastend kann die Verunsicherung sein, die starke Emotionen des Gegenübers auslösen können: *Wie soll ich damit umgehen? Was passiert, wenn ich sie zulasse? Stürzen wir dann beide ins Gefühlschaos? Gefühle stören mich hier, ich darf mich auf keinen Fall darauf einlassen! Ich lasse sie nicht an mich rankommen.*

Beratung unter erhöhtem Ansteckungsrisiko

Beide Reaktionsweisen auf Emotionen sind in Beratungssituationen (und nicht nur da) unangemessen: die emotionale Verschmelzung wie die völlige Abschottung. Bei der einen versinkt der Betroffene in der Nähe-Haltung, die er, selbst noch lange nach dem Kontakt, nur schwer wieder ablegen kann, bei der anderen versetzt ihn der Wunsch nach Distanz in eine Art Kältestarre, in der er die emotionalen Signale des Gesprächspartners nicht mehr aufnimmt. Diese Verhaltensmuster markieren die durchaus real vorkommenden Extrempunkte eines Kontinuums mit Zwischenstufen.

Distanz- und Nähe-Muster

Das Distanz-Muster

geht in erster Linie zu Lasten des Klienten. Er spürt, dass der Berater sich seiner *Person* verschließt. Dessen ausweichende Reaktion enthält keine Resonanz auf seine Emotion. Der emotionale Appell an den Berater geht ins Leere. Dieser „flieht" gewissermaßen auf den trittfesten Boden der Sachebene und nimmt selektiv nur Sachinformationen auf; die damit verbundenen Gefühle werden ausgeblendet. Die *Person* fühlt sich ignoriert, alleingelassen. Der Klient nimmt wahr, dass die Kommunikation zwischen ihm und dem Berater auf das Sachproblem reduziert wird. Ignoranz und Reduktion schädigen die Vertrauensbasis.

Die Folge: Je nach Typus, legt der Klient entweder nach und dramatisiert sein Problem, bis der Berater sich der emotionalen Botschaft nicht mehr entziehen kann, oder er zieht sich in sein Schneckenhaus zurück und übernimmt die Reduktion auf den Sachaspekt. Die weitere Kommunikation nach dieser Variante gestaltet sich für den Berater zwar auf den ersten Blick einfacher, aber der Preis ist hoch. Nicht nur dass (passiver) Widerstand bei der Lösungssuche die Quittung sein kann, die Energie, sich aktiv und konstruktiv auf den Prozess einzulassen, geht verloren.

In zweiter Linie geht es auch zu Lasten des Beraters selbst. Er opfert der Angst vor seiner Verunsicherung das Wertvollste und Elementarste, was uns menschlich macht, das Mitgefühl und die Sensibilität für das, was der Andere in schwieriger Situation besonders benötigt: Nähe.

Das Nähe-Muster

geht in erster Linie zu Lasten des Beraters. In der emotional aufgeladenen Situation verliert er die Führung und selbst danach kommt er nur schwer wieder in die psychische Balance. Der Klient genießt zunächst seinen „Erfolg“, den Berater ganz für sich „eingenommen“ zu haben, doch bald wird er dessen mangelnde Führung und Selbststeuerung in emotionalen Situationen bemerken und die „Leitplankenfunktion“ des Beraters vermissen. Dieser Mangel beeinträchtigt sein Vertrauen in die Professionalität der Beratung.

Der Berater muss lernen, sich belastenden Gefühlen aussetzen zu können, ohne sich von ihnen überschwemmen zu lassen oder vor ihnen Angst zu haben. Nur wenn er versteht, sich im einen Fall von den Emotionen anderer ebenso leicht wieder zu lösen, wie er sich auf sie eingelassen hat, und im anderen Fall, sich auch ohne Angst von ihnen berühren zu lassen, nur dann wird er den Job in der BEM-Beratung auf Dauer gut machen können, ohne sich zu überfordern.[42]

Nähe schafft die emotionale Wärme, in der ein belasteter Mensch sich selbst nah sein darf, sich erholen und Kraft schöpfen kann. Das bedingungslose Angenommensein fördert Selbstvertrauen und Selbstsicherheit. Es stärkt auch das Vertrauen in den Helfer/Berater und fördert den Mut, sich auf Neues, z. B. das BEM-Verfahren, einzulassen.

Distanz ist nicht mehr Ausdruck einer Haltung des Beraters, die auf Selbstschutz und Rückzug ausgerichtet ist, sondern funktional für die gemeinsame, zielrationale wie emotionale Bearbeitung der Problemsituation. Die Distanz hilft also ebenso dem Klienten, der ja darauf angewiesen ist, dass der Berater ihn aus seiner desperaten Lage herausführt. Herausführen, ihn dort abholen setzt allerdings voraus, sich (immer wieder) dorthin zu begeben, wo der Andere steht, sei es in seine Resignation, Angst, Wut, Enttäuschung, sei es in seine Hoffnungen, Illusionen, (überzogenen?) Erwartungen an sein Umfeld, auch an den Berater ... Er tritt, um den Vorgang bildlich auszudrücken,

[42] Die BEM-Beratung hat aus dieser Perspektive vieles mit der Sozialberatung gemeinsam. Zum einen verschließt sie sich nicht dem ganzheitlichen Blick auf die Lebenssituation des Klienten, auch wenn ihr Handlungsrahmen schließlich auf den Betrieb beschränkt ist. Zum anderen sind weder die Ziele der Wiedereingliederung noch der Prävention ausschließlich medizinisch definiert. Es geht auch hier um komplexe Lösungsansätze, die die soziale Situation (finanzielle Auswirkungen und außerbetriebliche Lebensumstände) genauso berücksichtigen müssen wie die Auswirkungen am Arbeitsplatz sowie dessen Einbindung in die Arbeitsorganisation und in das soziale Umfeld in der Abteilung.

an seine Seite mit Schulterschluss oder begleitet ihn, Arm in Arm untergehakt. Von dort, von der personalen Ebene der Gefühle aus, führt der gemeinsame Weg auf die Sachebene. Dann trägt das Vertrauen und der Klient erträgt es, die eine oder andere Kröte schlucken zu müssen: z. B. enttäuschende Nachrichten aus der Personalabteilung, Schwierigkeiten und nachteilige Nebeneffekte der anvisierten Maßnahme, Verzicht auf Leistungszuschläge usw.

Annäherung und Distanzierung sind als gegenläufige psychische Bewegungsrichtungen im Beratungsprozess zu verstehen. Die daraus entstehende Entwicklungsdynamik, die der Phasenstruktur der Beratung innewohnt, verhilft somit beiden, dem Berater wie seinem Klienten, zu jener Balance, die für zweierlei gut ist: für den Beratungserfolg und für die Psychohygiene des Beraters.

Dynamische Balance von Nähe und Distanz in der Struktur des Beratungsgesprächs (ein Modell)[43]

Wenn Schritt I ***„Problemdarstellung“*** ganz im Zeichen der Nähe (Akzeptanz, Empathie) steht, so Schritt II ***„Problemdefinition“*** überwiegend (❷–❹) im Zeichen der Distanz (Abgrenzung, Klärung, Forderung, Widerspruch).

Die ***„Lösungssuche“*** (Schritt III ❶ und ❷) steht dann wieder im Zeichen der Nähe. In III ❸ dominiert erneut die Distanz: Die Vor- und Nachteile der einzelnen Lösungsansätze werden realistisch unter die Lupe genommen und der Klient mit beiden Seiten der jeweiligen Medaille konfrontiert. Nur so wird er in die Lage versetzt, eine realistische Entscheidung unabhängig von der Meinung des Beraters zu treffen.

Ähnlich wie in III ist auch in Schritt IV ***„Entscheidungsprozess“*** mit Wechseln zwischen Distanz und Nähe zu rechnen: Schließlich soll der Klient eigenständig seine Entscheidung treffen und auch die Verantwortung dafür übernehmen. Nähe braucht er, um Mut und Vertrauen zu sich zu entwickeln; Nähe auch, wenn er nach wie vor unsicher ist, mit welchen Konsequenzen er für sich rechnen müsse und welche Lösung für ihn die beste sei, wenn er also nochmals sachliche Informationen als Entscheidungshilfe und vor allem viel Geduld benötigt.

---

[43] Siehe Abb. 6 und 7 auf S. 102 f. Darin sind die Aktionen in der Nähe-Haltung durch rote, jene in der Distanz-Haltung durch blaue Färbung symbolisiert.

Der ***„Aktionsplan"*** (Schritt V) erfordert vom Berater wiederum die Haltung der Distanz. So tut er gut daran, etwa ein Delegieren von Aufgaben des Klienten, z. B. von (vielleicht nicht ganz leichten) Gesprächen mit den Vorgesetzten oder mit Kollegen standhaft zu verweigern und allenfalls bereit zu sein, ihm in solchen Gespräche zu assistieren.

Und wenn der Klient kurz vor dem Ziel blockt?

Eine andere Sache ist, wenn hier, am Ende des Beratungsprozesses, der Klient völlig (und unerwartet?) einknicken und mit allerlei Vorwänden abblocken würde. Man kann solche Krisen nie ganz ausschließen und muss deswegen nicht alles verlorengeben. Kontraproduktiv wäre gewiss, dem Klienten nun Vorwürfe zu machen. Besser ist es, an die Stelle im Beratungsprozess zurückzugehen, wo er die ersten, noch unbestimmten Signale eines Widerstands gezeigt hat, die man damals vielleicht nicht ernst genug genommen hat und er einen Konflikt mit dem Berater nicht riskieren wollte. Diese „Sollbruchstelle" kann bereits in Schritt II (Problemdefinition) liegen oder im Entscheidungsprozess (Schritt IV), als der Berater möglicherweise zu viel Druck in Richtung der aus seiner Sicht einzig richtigen Wahlentscheidung ausübte und der Klient nachgab, ohne innerlich wirklich zu diesem Schritt bereit zu sein. Dieses vorwurfslose Zurückgehen kann nur in einer Haltung der Nähe geschehen. Es erfordert, den verlorengegangenen Schulterschluss wiederherzustellen und mit geduldigem Fragen die „dünne Stelle" ausfindig zu machen, wo der Klient sich innerlich aus dem Prozess ausgeklinkt hat.

Der strukturierte Wechsel von Nähe und Distanz im Überblick

Die folgende Grafik fasst die Überlegungen zum Nähe-Distanz-Wechsel noch einmal zusammen. Die Grafik auf der folgenden Seite verknüpft ihn mit der Modellfigur des Beratungstrichters.

I. Problemdarstellung

Klient schildert (frei und unsortiert) sein(e) Problem(e);
Berater fördert die Schilderung durch Aktives Zuhören und Verständnisfragen (= *Nach*-Fragen)

II. Problemdefinition

❶ Berater fasst das Gehörte zusammen, sortiert die Problemaspekte, **die dem Klienten wichtig sind.** Keine eigene Wertung. Klient bestätigt, korrigiert, ergänzt.

❷ Versuch einer Problembeschreibung aus der fachlichen **Sicht des Beraters** (→ BEM!)

❸ Zusätzlicher Klärungsbedarf? Berater stellt weitere Fragen zum Sachverhalt, auch was bisher schon an Lösungen des Problems (erfolglos) versucht wurde.

❹ Auf der Basis der erweiterten Kenntnisse ggf. Neudefinition des Problems

III. Lösungssuche

❶ Welche Lösungen kann sich der Klient selber vorstellen? Seine Wunschvorstellung?

❷ Gemeinsam Lösungsideen sammeln (Berater, Klient, (BEM-)Team, Vorgesetzter ...)
Noch keine Bewertungen! Nicht: man *„muss“*, sondern: man *„könnte“*!
Prinzip Brainstorming: *„Alles ist erlaubt!“* und *„Geht nicht gibt's nicht!“*

❸ Vor- und Nachteile der Vorschläge sachlich offenlegen. Realisierbarkeit prüfen.

IV. Entscheidungsprozess

Klient wählt aus (1. Wahl, 2. Wahl). Berater fragt nach der Begründung seiner Wahl.

Bei Unsicherheit/Unklarheit geduldig unterstützen. Zögern ernst nehmen! Zeit lassen!

V. Aktionsplan

Wie genau geht's jetzt weiter? (Strategieschritte, Beteiligte, Zeitplan)
An aktive Beteiligung des Klienten denken – ihn nicht über, aber auch nicht unterfordern!

Und wenn der Klient plötzlich kneift oder abblockt?
Mindestens 1 Schritt zurück: auf IV, wenn nicht gar auf II !

Abb. 6: 5-Schritte-Modell des Beratungsprozesses mit Nähe-Phasen (rot) und Distanz-Phasen (blau)

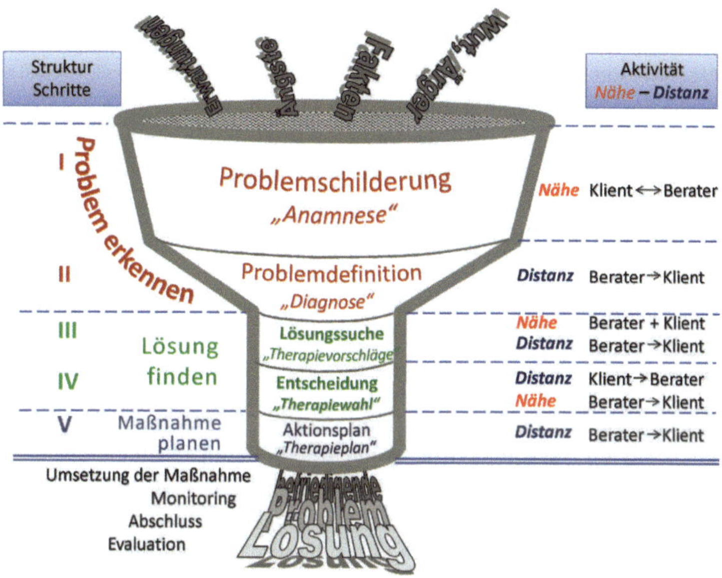

Abb. 7: Der Wechsel von Nähe- und Distanz-Haltungen im Modellbild des Beratungstrichters

Diese mehrmaligen Wechsel der Nähe- und Distanz-Haltungen im Zuge des Beratungsprozesses verhelfen dem ***Berater*** zu jener wünschenswerten seelischen Balance zwischen emotionaler Betroffenheit, Solidarität und Zugewandtheit einerseits und dem Schutzbedürfnis nach Abgrenzung und emotionalem Abstand von den belastenden Problemen des Klienten andererseits.

Dem ***Klienten*** ist es nicht weniger hilfreich: Jene erforderliche Verantwortlichkeit für sich und sein Problem kann nur wachsen im atmosphärischen Wechsel zwischen der Erfahrung von echter Akzeptanz, Hilfe und Geborgenheit und der Zumutung, sich den Gegebenheiten der Realität illusionslos und mutig zu stellen.

Das Schutzbedürfnis des Beraters

Es gibt vielerlei Möglichkeiten der Entspannung und Zerstreuung, um sich nach emotional anstrengenden Gesprächen zu erholen, aus dem Bann der belastenden Erfahrung zu befreien und das seelische Gleichgewicht zurückzugewinnen. Der berechtigte Wunsch des Beraters, sich vor den belastenden Emotionen des Klienten zu schützen, lässt sich nur durch Wechsel von Nähe und Distanz realisieren. Diese Wechsel sind als integrale Bestandteile in der Strukturlogik des Beratungsprozesses selbst angelegt und funktional für den Erfolg der Beratung. Und der Klient erwartet zu Recht die Fähigkeit des Beraters, flexibel zwischen Sachebene und Beziehungs- (= Gefühls-)ebene „switchen“ zu können. Sie dient also ebenso den Erwartungen des Klienten wie den Selbstschutzbedürfnissen des Beraters.

Im Problem liegt oft seine Lösung verborgen.

Es ist mir ein großes Anliegen, Ihnen, die Sie in der Beratung tätig sind, auf das in der Beratungsstruktur immanente Potenzial aufmerksam zu machen, das es Ihnen ermöglicht, sich schon im Prozess emotional auszubalancieren. Diese Balance zwischen Empathie und Distanz ist gleichzeitig ein Kriterium für die Qualität Ihrer Beratung.

Wie schütze ich mich vor belastenden Emotionen des Klienten?

NICHT durch Kontrolle und Abwertung meiner eigenen Gefühle und meiner Empathie!

NICHT durch eine Abwehr oder Ignoranz von Nähebedürfnissen des Klienten, von emotionalen Äußerungen und seiner (labilen) psychischen Verfassung!

NICHT durch Flucht auf die Sachebene und rasche „Erledigung“ des Problems
(„Delegationsfalle“, Übernahme von Verantwortung)!

Wie dann?

Der Selbstschutz liegt in der Struktur professioneller Beratung selbst.

Ihre Struktur lebt vom
Wechsel von Nähe und Distanz.

- Der Selbstschutz ist in der Logik dieser Wechsel von Nähe und Distanz angelegt.
- Der Klient erwartet diesen Wechsel.
  Er erwartet vom Berater ***Nähe***: empathisches Verstehen und Akzeptieren seiner Person.
  Aber er erwartet von ihm auch Klartext:
  Information, Sachkompetenz, Überblick, Perspektive, Wegweisung, Ehrlichkeit.
- Der Wechsel von Nähe zur ***Distanz*** fördert den Beratungserfolg:
  - für den Klienten:
    Er bekommt ein realistisches Verhältnis zu sich und seinen Chancen.
  - für den Berater:
    Er verliert sich nicht im Mitgefühl oder im Helfersyndrom.

Zum Schluss: Worauf es mir außerdem ankommt

Ich erinnere mich gut an die überlange Kindheitsphase des BEM nach seiner Geburt 2004. Damals war unter Betriebsräten das Misstrauen sehr verbreitet, dieses Instrument könnte den Arbeitgebern die personen-, sprich krankheitsbedingte Kündigung erleichtern. Weithin unverstanden blieb das Anliegen des Gesetzgebers, den Betrieben ein gesundheitspolitisches Instrument an die Hand zu geben und dezidiert das Schutzinteresse des leistungsgeminderten Mitarbeiters vor Arbeitsplatzverlust über die betriebswirtschaftlichen Interessen des Arbeitgebers zu stellen. Mehr noch, der Arbeitgeber wurde verpflichtet, alles Zumutbare dafür zu tun, die Leistungsfähigkeit so weit wie möglich wiederherzustellen bzw. *„sekundärpräventiv"* einer erneuten Verschlechterung vorzubeugen.

Für den dafür erforderlichen Anpassungsprozess ist alles auf den Prüfstand zu stellen: die medizinisch prognostizierte Arbeitsfähigkeit des Mitarbeiters einerseits und alle „Systemfaktoren", die zu der bisherigen Leistungsanforderung seines Arbeitsplatzes beigetragen haben, andererseits. Da entdeckt man nun allerlei Stellschauben im System, an denen die Arbeitsverhältnisse so an die gesundheitliche Situation des Mitarbeiters angepasst werden können, dass die Gewichte von Anforderung und Leistungsfähigkeit einigermaßen in die Balance zu bringen sind. Es war klug vom Gesetzgeber, mit dieser Aufgabe den Arbeitgeber nicht allein zu lassen. Betriebsrat, Schwerbehindertenvertretung, Arbeitssicherheit, Betriebsarzt, Reha-Träger, Arbeitsagentur, Integrationsamt, Integrationsfachdienst, Berufsbildungswerke ..., alle für die Unterstützung und Finanzierung dieses Anpassungsprozesses in Frage kommenden Institutionen, intern und extern, sind beteiligt bzw. ihre Beteiligung kann in Anspruch genommen werden.

Der **Paradigmenwechsel** ist nicht zu verkennen: Der Mensch in der Arbeitswelt erfährt eine ungeahnte Aufwertung an der Stelle, wo er den technischen, organisatorischen und betriebswirtschaftlichen Systemlogiken besonders geschwächt gegenübersteht, da, wo eine labile Gesundheit ihn bisher zum Störfaktor in den Leistungssystemen gemacht hat. Genau da aber muss sich unsere Arbeitswelt mehr und mehr der Tatsache stellen, dass ihr eine alternde Gesellschaft zur Verfügung steht und der Anpassungsdruck nun auch auf Arbeitgeber und das betriebliche System zunimmt. Das BEM ist die Konsequenz aus dieser Erkenntnis.

Die Effizienz des neuen, paradigmatischen Ansatzes steht und fällt mit der Qualität der Umsetzung des Betrieblichen Eingliederungsmanagements in den Betrieben.

Je schlechter die Qualität, desto wahrscheinlicher wird, dass die in den frühen Jahren der BEM-Skepsis befürchtete Gefahr, durch das BEM könne Kündigung erleichtert werden, doch noch eintritt. Man kann von den Gerichten nicht erwarten, dass sie solche Schwächen in den betrieblichen BEM-Verfahren zu hundert Prozent ausgleichen können. Daher ist auch eine verfahrenskritische Auswertung von BEM-Prozessen (Evaluation) im Sinne eines Qualitätsmanagements gar nicht ernst genug zu nehmen.

Im Umkehrschluss wird ein Muss für die Verantwortlichen in den Unternehmen und Betrieben daraus:

- **Enge Kooperation zwischen Arbeitgeber und AN-Vertretungen**
hin zu einem echten Teamgeist der im BEM-Team zusammenarbeitenden Akteure beider Seiten.

Solcher ***Teamgeist*** steht der Wahrnehmung des gesetzlichen Wächteramtes des Betriebsrats nicht entgegen, im Gegenteil, dieses ist integraler Bestandteil eines Teams, das von der Verschiedenheit des Sichtweisen lebt. Dieser Teamgeist ist ***öffentlich wahrnehmbar*** zu machen in *gemeinsamen* Auftritten des Teams auf Informationsveranstaltungen zum BEM, Betriebs- und Abteilungsversammlungen, Gesundheitstagen sowie in den internen Medien.

Das Team bedarf, wie jedes andere Projektteam auch, von Zeit zu Zeit einer ***Klausur,*** um sich auszutauschen über die Erfahrungen der internen Zusammenarbeit und Arbeitsorganisation, mit dem Arbeitgeber, den anderen Partnern intern und extern und daraus gemeinsame Schlüsse für die Zukunft zieht.

- **Qualifizierte Beratung**
kann auch von Laien geleistet werden. Allerdings benötigen in der Beratung Tätige eine solide ***Schulung.*** In regelmäßigen Abständen ist ihnen die Möglichkeit zu gewähren, im moderierten Austausch ihre ***Erfahrungen zu reflektieren*** und in einen individuellen und gemeinsamen kontinuierlichen Lernprozess einzubringen. Dies sollte für „Laienberater“ nicht weniger selbstverständlich sein wie für Profis.

- **Genügend Berater**

sollten zur Verfügung und zur Wahl stehen, damit unterschiedliche Präferenzen der Klienten, weiblich/männlich, BR- und SBV-Seite, Arbeitgeberseite (Personalmanager/-referenten) hinreichend Berücksichtigung finden.

- **Ein besonderer Stellenwert**

ist der Beratung im BEM zuzuerkennen, ob die Berater nun an den Entscheidungen über Maßnahmen beteiligt werden oder ob diese dem „Kernteam" vorbehalten bleiben. Der besondere Stellenwert der Beratung ist der Tatsache geschuldet, dass die BEM-Beratung von einer

- **besonderen Klientel: Menschen in gesundheitlichen Krisen,**

die mit ihren Ängsten und Sorgen auf ganz unterschiedliche Weise umgehen, in Anspruch genommen wird.

- **Die individuellen Sprachen der Krisenerfahrung**

müssen die Berater erst verstehen lernen, bevor sie mit Klienten erfolgreich arbeiten können. Diese Sprachen werden ihnen mehr oder weniger sympathisch sein. Dem Berater muss eine ordinäre oder aggressive Sprache nicht gefallen, er hat nicht darüber wertend zu urteilen. Vielmehr ist es seine Aufgabe, die Information, ***die Botschaft hinter den Worten zu verstehen.*** Daraus folgt:

- **Beratung braucht vor allem Zeit.**

Der Klient braucht sie, der Berater auch. Zielfixierung, Erledigungsrekord sind keine Leitwerte für Berater. Wer würde sich über Verfahren, die schnell und glatt durchlaufen, nicht freuen? Sie zum Maßstab für erfolgreiche Beratung zu nehmen, wäre jedoch schädlich. Verfahren, die *von vorn herein* sich nur auf den betrieblichen Kontext beziehen, sind wahrscheinlich schneller zum Abschluss zu bringen, aber ihr Effektivitätsrisiko ist auf mittlere und lange Sicht höher.

- **Vertrauen**

Fundament der Beratung und Hauptkapital des Beraters, gedeiht auf einer umfassenden, ***ganzheitlichen*** „Anamnese". Das schönste Lösungsgebäude ist nicht von Dauer, wenn das Fundament zu schwach ist.

- **Das Wechselspiel von Nähe und Distanz**

sorgt einerseits für die Dynamik, die zu einer Problemlösung führt, die vom Klienten miterarbeitet und voll mitgetragen wird – eine wichtige Voraussetzung, um Durststrecken und (unerwartete) Schwierigkeiten oder Rückschläge bei der Umsetzung von Maßnahmen zu überwinden. Andererseits ist es das methodische Element des Beratungsprozesses, das gleichzeitig die Psyche des Beraters in jener lebendigen Balance schwingen lässt, die dafür sorgt, dass er weder in den Strudel der Gefühle hineingezogen wird, noch dass er den emotionalen Kontakt zum Klienten verliert.

Literaturhinweise

Albrod M.: *Betriebliches Eingliederungsmanagement (BEM).* Medizinische Aspekte. Rieder, 2021

Althoff V., Frobel S., Klaesberg S., Tinnefeld S., de Wall-Kaplan D.: *BEM von A–Z – ein Praxishandbuch.* Rieder, 2020

Beseler L., *Betriebliches Eingliederungsmanagement.* Rieder, 2022 (11. Aufl.)

Feldes W., Niehaus M., Faber U.: *Werkbuch – Betriebliches Eingliederungsmanagement.* Strategien und Empfehlungen für Interessenvertreter. Bund, 2021 (2. Aufl.)

Giesert M., Reuter T., Liebrich A. (Hg.): *Betriebliches Eingliederungsmanagement 4.0.* Ein kreativer Suchprozess. VSA, 2018

Giesert M., Reuter T., Liebrich A. (Hg.): *Mit psychischer Beeinträchtigung umgehen (statt sie zu umgehen).* Betriebliches Eingliederungsmanagement (BEM). VSA, 2022

Habib E.: *BEM – Wiedereingliederung in kleinen und mittleren Betrieben.* Praxisleitfaden und Beispielsfälle zum betrieblichen Eingliederungsmanagement. Bund, 2020 (3. Aufl.)

Habib E., Riechert I.: *Betriebliches Eingliederungsmanagement bei Mitarbeitern mit psychischen Störungen.* Springer, 2016

Reuter T., Giesert M., Liebrich A.: *Das Haus der Arbeitsfähigkeit beim BEM bauen.* In: J. Prümper, T. Reuter, A. Sporbert (Hrsg.): BEM-Netz – Betriebliches Eingliederungsmanagement erfolgreich umsetzen. Ergebnisse aus einem transnationalen Projekt. HTW Berlin, 2015

Stölpel F., Lange A., Voß J. (Hg.): *Betriebliches Eingliederungsmanagement in der Praxis.* Arbeitsfähigkeit sichern, rechtssicher agieren, Potenziale nutzen. Haufe, 2022 (4. Aufl.)

Tempel J., Ilmarinen J.: *Arbeitsleben 2025.* Das Haus der Arbeitsfähigkeit im Unternehmen bauen. Hrsg. v. M. Giesert. VSA-Verlag, 2013

Waltner P.: *Kollegen und Mitarbeiter professionell beraten.* Ein Leitfaden für Arbeitnehmervertreter und Führungskräfte. Rieder-Verlag, 2022 (5., überarb. Aufl.)

Download (kostenfrei):

Bundesanstalt für Arbeitsschutz und Arbeitsmedizin (BAUA): *Why WAI? Der Work Ability Index im Einsatz für Arbeitsfähigkeit und Prävention.* Erfahrungsberichte aus der Praxis. 2013 (5. Aufl.) www.baua.de/cae/servlet/contentblob/697346/publicationFile/55639/A51.pdf